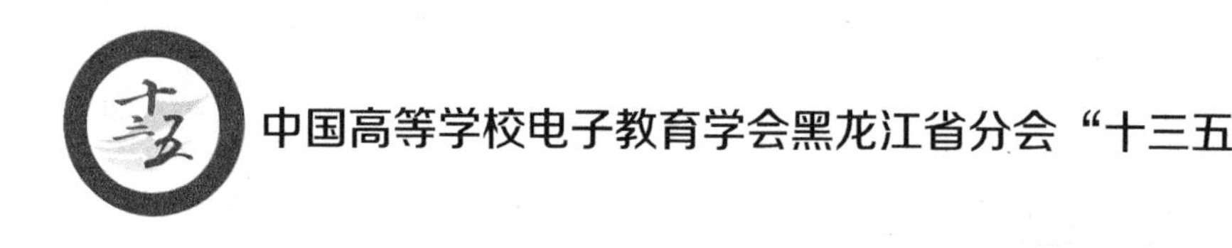

中国高等学校电子教育学会黑龙江省分会“十三五”规划教材

交流变频调速实训教程

主 编 张世明 薛玉翠 曹 琦

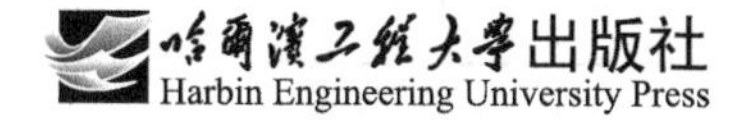

内容简介

本书从生产实际出发，以MD380变频器为例，通过实训项目的形式介绍了变频器在工业控制过程中的典型控制环节。MD380变频器具有功能丰富强大、性能稳定的优点，在实训室中也很容易实现模拟操作，可广泛用于国民经济生产生活中的自动化生产设备中。本书在学习内容的讲解上力求做到淡化理论，贴近生产实际，便于理解和接受；以实际工作为中心，强化专业技能训练的基本教学目标。

本书可作为应用型本科院校电气类专业的实训教材，也可作为其他职业技术院校相关专业的培训教材，还可供相关专业的工程技术人员参考。

图书在版编目(CIP)数据

交流变频调速实训教程/张世明，薛玉翠，曹琦主编. —哈尔滨：哈尔滨工程大学出版社，2020.7

ISBN 978-7-5661-2686-3

Ⅰ. ①交… Ⅱ. ①张… ②薛… ③曹… Ⅲ. ①交流电机-变频调速-高等学校-教材 Ⅳ. ①TM340.12

中国版本图书馆CIP数据核字(2020)第131498号

选题策划 刘凯元
责任编辑 张植朴 刘海霞
封面设计 李海波

出版发行 哈尔滨工程大学出版社
社　　址 哈尔滨市南岗区南通大街145号
邮政编码 150001
发行电话 0451-82519328
传　　真 0451-82519699
经　　销 新华书店
印　　刷 北京中石油彩色印刷有限责任公司
开　　本 787 mm×1 092 mm 1/16
印　　张 10.75
字　　数 277千字
版　　次 2020年7月第1版
印　　次 2020年7月第1次印刷
定　　价 35.00元
http://www.hrbeupress.com
E-mail:heupress@hrbeu.edu.cn

前　言

为了落实《教育部 国家发展改革委 财政部关于引导部分地方普通本科高校向应用型转变的指导意见》(教发〔2015〕7 号)的精神,根据应用技术型大学技能型人才培养模式需要,编者根据多年的教学实践经验编写了本书。本书是绥化学院校本实践教材编写立项资助项目。

本书立足于应用技术型大学的培养目标,整合相关的专业课程,力图通过实习实训培养学生自主学习的能力。本书在编写过程中重点突出了实践技能的培养,将各个知识点与技能的训练融入各个实训环节中,使读者对知识和技能的掌握由浅入深、循序渐进。

本书设计了 19 个实训课题,使用本书时可以根据教学条件进行选做,每个实训课题建议在 3 学时内完成,本课程参考学时数为 36 学时。本书可作为应用型本科院校电气类专业的实训教材,也可作为其他职业技术院校相关专业的培训教材,还可供相关专业的工程技术人员参考。

本书由绥化学院张世明、薛玉翠、曹琦共同编写,张世明负责内容的组织与统稿,并编写了实训课题十二至实训课题十九和附录部分,薛玉翠编写了实训课题一至实训课题六,曹琦编写了实训课题七至实训课题十一。

由于编者水平有限,书中不妥与错误之处在所难免,恳请广大读者批评指正,提出宝贵意见,以便我们进一步修订和完善。

编　者

2020 年 3 月

目　录

绪　论

【什么是变频器】

变频器是一种电源转换装置,它能够将固定频率、固定电压的三相(或单相)交流电转换成频率可调、电压可调的三相交流电。

【变频器有什么用途】

(1)变频器通过向三相交流异步电动机提供可变频率、可变电压的三相交流电,而改变电动机的转速和电磁转矩,以达到适应生产设备工艺要求的目的。

(2)变频器能够实现交流电动机的无级变速,从而扩大了交流电动机的应用范围。

(3)变频器应用中,通过对电动机的调速控制达到节能、提高工作效率及实现自动控制的目的。

【变频器应用于哪些领域】

变频器广泛应用于钢铁、石油、石化、化纤、纺织、机械、电子、电力、建材、煤炭、医药、造纸、注塑、卷烟、起重设备、城市供水、中央空调、污水处理等行业。

【变频器分类方式有哪些】

变频器按输入电压可以分为三相变频器和单相变频器两种类型。

(1)三相变频器输入 50 Hz、380 V 的三相交流电,输出 0 ~ 400 Hz、0 ~ 380 V 的三相交流电。

(2)单相变频器输入 50 Hz、220 V 的单相交流电,输出 0 ~ 400 Hz、0 ~ 220 V 的三相交流电。

变频器按用途可以分为专用变频器和通用变频器两种类型。

(1)专用变频器是针对某一种特定的控制对象而设计的,这种变频器均是在某一方面性能优良,如风机用、水泵用、电梯用、起重用变频器等。

(2)通用变频器主要应用在生产机械的调速上,应用的范围广、数量也多。没有调速要求但有节能要求时使用的是节能型变频器,这种变频器功能相对少一些,价格也便宜些。

变频器按主电路结构可以分为交—交变频器和交—直—交变频器两种类型。

(1)交—交变频器是将固定交流电直接变换为频率可调的交流电。其优点是没有中间环节,变换效率高;缺点是可调的频率范围窄,一般在额定频率的 1/2 以下,主要用于低速大容量拖动系统中。

(2)交—直—交变频器是将固定交流电先行整流为直流电,再经逆变电路把直流电逆变为频率可调的三相交流电,由于把直流电逆变成交流电较易控制,因此在调频和改善电动机性能方面具有明显优势,是目前使用比较多的一种变频器。

【如何学习本门课程】

变频器是电力电子技术、微电子技术、计算机技术、电力拖动技术相结合的结晶,是强、弱电结合的产物。

学习本门课程,重点要掌握变频技术和应用技术两方面的内容。变频技术包含的内容有变频器的结构、功能、工作原理、参数设置等；应用技术包含的内容有电动机的机械特性、设备的负载特性及生产设备的生产工艺特点等。将变频技术和应用技术有机地结合起来，融会贯通，就能够选好、用好、调试好变频器，充分有效地发挥变频器的功能；对变频器出现的故障也能够准确判断，找出产生故障的原因并加以排除。

实训课题一　变频器原理

【实训目的】

1. 掌握交流异步电动机的变频调速原理；
2. 熟悉通用变频器的电路组成；
3. 熟悉变频器装置调试程序。

【实训仪器】

1. MD380 变频器；
2. 异步电动机；
3. 数字万用表；
4. 电工工具(1 套)；
5. 连接导线若干。

【实训内容】

1. 交流异步电动机的变频调速原理

交流异步电动机定子通以三相正弦电流，产生旋转磁场，其转速为同步转速。转子回路中感应出转子电流，在旋转磁场作用下，转子以略低于同步转速的速度同向旋转。

交流异步电动机调速的基本原理基于以下同步转速方程公式：

$$n_1 = \frac{60f_1}{p} \tag{1-1}$$

式中　n_1——同步转速，r/min；

f_1——定子供电电源频率，Hz；

p——磁极对数。

对于四极异步电动机，$f_1 = 50$ Hz 时，同步转速 $n_1 = 1\ 500$ r/min。

一般交流异步电动机转速 n 与同步转速 n_1 存在一个转差关系：

$$n = n_1(1-S) = \frac{60f_1}{p}(1-S) \tag{1-2}$$

式中　n——交流异步电动机转速，r/min；

S——交流异步电动机转差率。

四极异步电动机，$f_1 = 50$ Hz 时，同步转速 $n_1 = 1\ 500$ r/min，实际转速 n 可能是 1 470 r/min。

由式(1－2)可知，交流异步电动机调速的方法是改变 f_1、p、S 其中任意数值，其中最好的方法是改变频率 f_1，实现调速控制。

由电动机理论，三相异步电动机每相感应电动势(相电势)的有效值由式(1－3)决定：

$$E_1 = 4.44 f_1 N_1 \Phi_m \tag{1-3}$$

式中 E_1——定子每相感应电动势有效值,V;

f_1——定子供电电源频率,Hz;

N_1——定子绕组有效匝数;

Φ_m——定子磁通,Wb。

改变频率 f_1 调速时,如相电势 E_1 不变,则磁通 Φ_m 改变,电动机输出转矩改变。定子电压 U_1 和感应电动势关系式:

$$U_1 = E_1 + (r_1 + jx_1)I_1 \tag{1-4}$$

式中 U_1——定子电压,V;

I_1——定子电流,A。

对式(1-4),可分成以下两种情况进行分析:

(1)在频率低于供电的额定电源频率时调速属于恒转矩调速。

变频器设计时为维持电动机输出转矩不变,必须维持每极磁通 Φ_m 不变,从式(1-3)可知,也就是要使$\dfrac{E_1}{f_1}$=常数。然而,绕组中的感应电动势是难以直接控制的,当电动势值较高时,可以忽略定子绕组的漏磁阻抗压降,认为供给电动机的电压 $U_1 \approx E_1$,取电压 U_1 与频率 f_1 按相同比例变化,即$\dfrac{U_1}{f_1}$=常数。三相异步电动机在设计时,都给定了额定电压 U_1、额定电流 I_1 及相应的额定频率 f_1,磁通 Φ_m 的数值都定为接近磁路饱和的数值。从式(1-1)可见,降低 f_1,可使电动机减速,但在降低 f_1 时,从式(1-3)可见,若保持 E_1 不变,Φ_m 必须增大。因为电动机设计时铁芯已接近饱和,Φ_m 增大必然引起电流大大增加。

要保持 Φ_m 不变,降低 f_1 时只有降低 E_1(即 U_1),从而保持$\dfrac{U_1}{f_1}$=常数。这是变频器的基本控制方式。但是在频率较低时,定子漏阻抗压降已不能忽略,E_1 和 U_1 相差较大。因此要人为地提高定子电压 U_1,做漏抗压降的补偿,维持$\dfrac{E_1}{f_1}\approx$常数,此时变频器输出$\dfrac{U_1}{f_1}$关系如图1-1中的曲线2,而不再是曲线1。

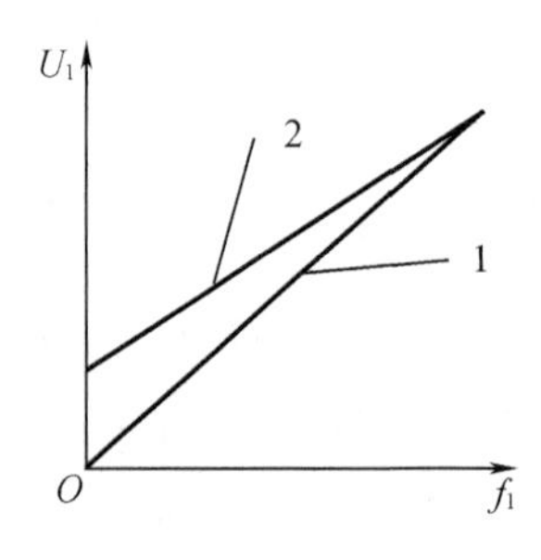

1—U_1/f_1 = 常数;2—E_1/f_1 = 常数。

图1-1 U/f 关系曲线

多数变频器在频率低于电动机额定频率时,输出的电压 U_1 和频率 f_1 类似图1-1中的曲线2,并且随着设置不同,可改变补偿曲线的形状,使用者要根据实际工作情况进行选择。

(2)在频率高于定子供电的额定电源频率时属于恒功率调速。

此时变频器的输出频率 f_1 提高,但变频器的电源电压由电网电压决定,故电压不能继续提高。根据式(1-3),E_1 不能变,f_1 提高必然使 Φ_m 下降,由于 Φ_m 与电流或转矩成正比,因此也就使转矩下降。转矩虽然下降了，但因转速升高了，所以二者的乘积并未改变，转矩与转速的乘积表征着功率。因此这时电动机处在恒功率输出的状态下运行。

异步电动机的机械设计只满足在额定转速下运行，故变频调速一般只从额定转速向下调速。如果需要电动机超过额定转速运行，可选用变频电动机。

2. 变频器的类型

交—交变频器：该类型变频器输入是交流，输出也是交流，即将工频交流电直接转换成频率、电压均可控制的交流电，这一类型又称为直接式变频器。

交—直—交变频器：该类型变频器输入是交流，整流为直流后，再变成交流输出，即将工频交流电通过整流变成直流电，然后再把直流电变成频率、电压均可控的交流电，这一类型又称为间接变频器。

目前常用的是交—直—交变频器。交—直—交变频器又分为电流型和电压型两种。通用变频器是电压型交—直—交变频器。

3. 变频器的原理

以交—直—交变频器为例，介绍变频器的原理，交—直—交变频器主电路原理图如图 1－2 所示。

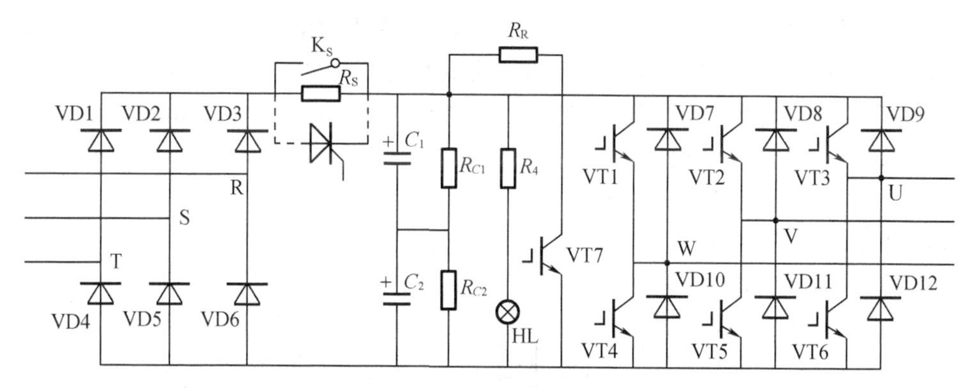

图 1－2　交—直—交变频器主电路原理图

(1)变频器主电路。

①整流与滤波电路：

由 VD1 ~ VD6 组成三相桥式二极管整流电路，其功能是把交流电转换成直流电。三相线电压为 380 V 时，整流后峰值电压为 537 V，平均电压为 515 V，最高不能超过 760 V。

整流桥与滤波电容之间，有 R_S 为充电(限流)电阻，当变频器拉入电源的瞬间，将有一个很大的冲击电流经整流桥流向滤波电容，使整流桥可能因此而受到损坏。如果电容量很大，则不会使电源电压瞬间下降而形成对电网的干扰；K_S 为短路开关或晶闸管组成的并联电路，充电电阻如长期接在电路内，会在增加电能损耗的同时，使变频器内部温度持续升高，从而缩减变频器使用寿命。所以，当直流母线电压升高到一定程度时，K_S 接通把 R_S 切出电路。K_S 有用晶闸管构成的，也有用继电器触点构成的。

滤波电路由 C_1、C_2、R_{C_1}、R_{C_2} 组成，其功能是将脉动直流电转变为较平滑的直流电。C_1 和 C_2 应是串联的电容器组，由于 C_1 和 C_2 的电容量不能完全相等(承受电压较高一侧的电容器容易损坏)，因此并联一个阻值相等的均压电阻 R_{C_1} 和 R_{C_2}，使得 C_1、C_2 承受的电压相等，避免两个电容因为受压不等时而损坏。

②逆变电路:

逆变电路是将直流电压变换为所需频率的交流电压,根据确定的时间相应功率开关器件导通和关断,从而可以在输出端 U、V、W 三相上得到相位互相差 120°的三相交流电压。

逆变电路由开关器件 VT1 ~ VT6 和 VD7 ~ VD12 构成,目前其大部分使用绝缘栅双极型晶体管(IGBT),最新技术是智能功率模块(IPM)。

续流电路由 VD7 ~ VD12 组成,其作用是为电动机绕组的无功电流提供返回通道,为再生电能反馈提供通道,为寄生电感在逆变过程中释放能量提供通道。

缓冲电路:逆变管在截止和导通的瞬间,其电压和电流的变化率是很大的,有可能使逆变管受到损伤。因此每个逆变管旁还应接入缓冲电路,以减缓电压和电流的变化率。

③制动电路:

在变频调速系统中,电动机的降速和停机是通过逐渐减小频率来实现的。在频率刚减小的瞬间,电动机的同步转速随之下降,而由于转子惯性的原因,电动机的转速未变,当同步转速低于转子转速时,转子绕组切割磁力线的方向相反,转子电流的相位几乎改变 180°,使电动机处于发电状态,称为再生制动状态。

电动机再生的电能经续流二极管(VD7 ~ VD12)全波整流后反馈到直流电路中,由于直流电路的电能无法回输给电网,只能由 C_1 和 C_2 吸收,使直流电压升高。过高的直流电压将使变流器件受到损害。因此,直流电压超过一定值时,就要提供一条放电回路。

能耗电路由制动电阻 R_R 和制动单元 VT7 构成。当直流母线电压超过规定值时,VT7 导通,使直流电压通过 R_R 释放能量,降低直流电压。而当直流母线电压在正常范围内时,VT7 截止,以避免不必要的能量损失。

(2)变频器的控制通道。

变频器控制通道如图 1 -3 所示。

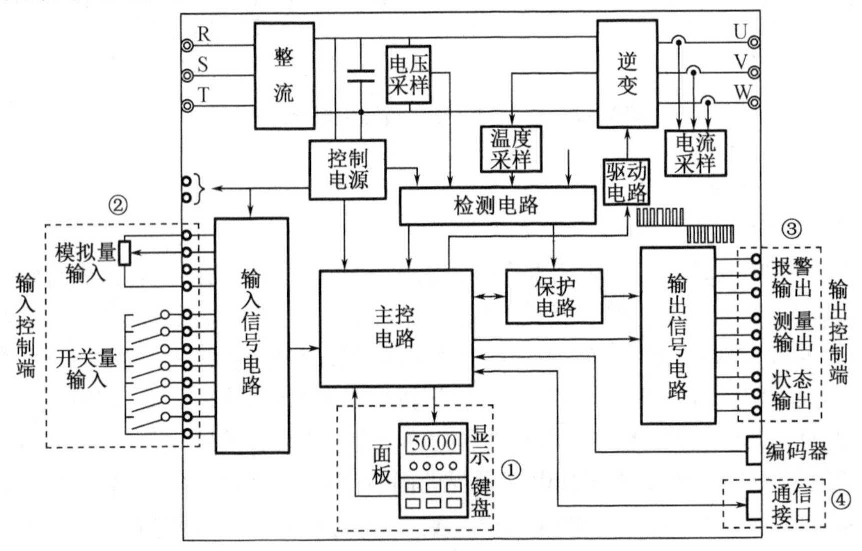

图 1 -3　变频器控制通道

控制通道各端口的作用:

面板①——主要用于近距离、基本控制;

外接控制端子②和③——主要用于远距离、多功能控制;

通信接口④——主要用于多电动机、系统控制。

变频器控制单元结构原理图如图 1 -4 所示。

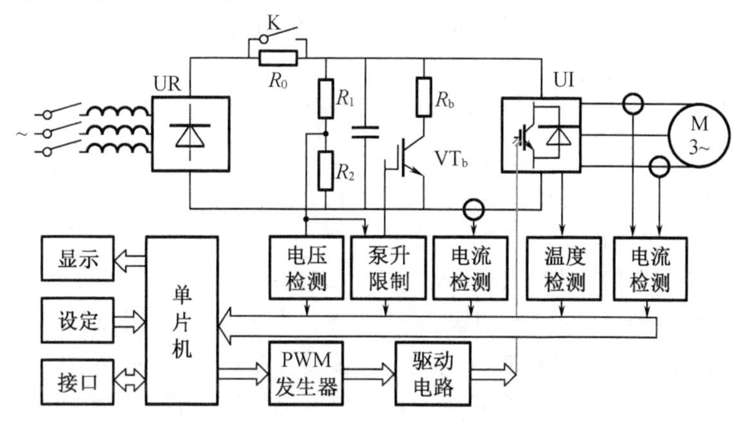

图 1 -4　变频器控制单元结构原理图

4. 变频器装置安装与调试

(1)变频器装置安装与调试步骤如下：

变频器通电前做如下检测：

①清洁变频器周围环境；

②检查电器柜内所有固定螺丝的坚固程度，检查接地线是否正确；

③检查电动机绝缘程度(≥5 MΩ)，测电动机绝缘时要断开电动机与变频器连线；

④连接好电源线和到电动机的输出线，变频器上的电源侧和负载侧不能接反；

⑤检测变频器输入端和输出端是否存在对地短路；

⑥检测变频器输入电压等级是否正确，三相电压是否平衡；

⑦检测控制电路接线是否正确。

以上检查确认无误后接通电源，然后做如下检测：

①万用表检测输入电压是否正确，检测 P + 和 P - 直流电压是否正确(~380 V 对应的直流电压为 513 ~537 V, ~220 V 对应的直流电压为 290 V 左右)；

②设置变频器参数为键盘操作模式，变频器频率给定，且首先设置为 0 Hz；

③断开电动机与机械设备的连接，使电动机处于空载状态；

④确认以上无误后，键盘启动变频器，然后逐渐调高频率到 5 Hz 左右，查看电动机运行是否正常，转向是否正确，电动机运行噪声是否正常；

⑤逐渐增加转速，观察电动机运行状况，直到运行频率到达 50 Hz。

上述运行状态正常后，根据控制功能和变频器驱动负载的特性设置变频器参数，试运行。

试运行的操作步骤如下：

①连接好电动机与机械设备；

②启动电动机进入空载低速运行状态，如无问题，则进入空载高速运行状态；

③低速带载运行，如无问题，则进入高速带载运行状态，如无问题，调试结束。

(2)使用变频器过程中应该注意的几个常见问题：

①变频器的电源端与负载端接反时会烧坏变频器；

②调整电动机正反转时，在电源端改变电源相序无法实现电动机的换相；

③变频器断电后,电源指示灯尚未熄灭时要防止触电;

④变频器中的继电器因动作频繁而容易损坏;

⑤主电路中的电解电容长时间不通电时易失去储电能力(容量不足),当其容量低于额定值的80%时,要进行更换;

⑥要保证风扇正常运行,散热不正常时会烧毁IGBT。

(3)万用表检测整流模块和逆变模块的方法:

①判断晶闸管极性及好坏的方法。选择指针万用表R×100 Ω或R×1 kΩ挡分别测量晶闸管的任意两个极之间的正反向电阻,其中一极与其他两极之间的正反向电阻均为无穷大,则判定该极为阳极(A)。然后选择指针万用表的R×1 Ω挡,黑表笔接晶闸管的阳极(A),红表笔接晶闸管的其中一极,假设为阴极(K),另一极为控制极(G)。黑表笔不要离开阳极(A)同时触击控制极(G),若万用表指针偏转并站住,则判定晶闸管的假设极性阴极(K)和控制极(G)是正确的,且该晶闸管元件为好的晶闸管。若万用表指针不偏转,颠倒晶闸管的假设极性再测量。若万用表指针偏转并站住,则晶闸管的第二次假设极性为正确的,该晶闸管为好的晶闸管,否则为坏的晶闸管。

②判断IGBT极性及好坏的方法。判断IGBT极性时应选择指针万用表R×100 Ω或R×1 kΩ挡分别测量IGBT的任两个极之间的正反向电阻,其中一极与其他两极之间的正反向电阻均为无穷大,则判定该极为IGBT的栅极(G)。测量另外两极的正反向电阻,在正向电阻时,红表笔接的为IGBT的集电极(C),黑表笔接的为IGBT的发射极(E)。判断IGBT好坏时应选择指针万用表的R×10 kΩ挡,黑表笔接集电极(C),红表笔接发射极(E),用手同时触击一下集电极(C)和控制极(G)。若万用表指针偏转并站住,再用手同时触击一下发射极(E)和控制极(G),万用表指针回零,则该IGBT为好的,否则为坏的IGBT。功率模块的好坏判断主要是对功率模块内的续流二极管的判断,对于IGBT模块我们还需判断在有触发电压的情况下能否导通和关断。

③逆变器IGBT模块检测。将数字万用表拨到二极管测试挡,测试IGBT模块c1e1、c2e2之间以及栅极G与e1、e2之间正反向二极管特性,来判断IGBT模块是否完好。以六相模块为例,将负载侧U、V、W相的导线拆除,使用二极管测试挡,红表笔接P(集电极c1),黑表笔依次测U、V、W,万用表显示数值为最大;将表笔反过来,黑表笔接P,红表笔测U、V、W,万用表显示数值为400左右。再将红表笔接N(发射极e2),黑表笔测U、V、W,万用表显示数值为400左右;黑表笔接P,红表笔测U、V、W,万用表显示数值为最大。各相之间的正反向特性应相同,若出现差别说明IGBT模块性能变差,应予更换。IGBT模块损坏时,只有击穿短路情况出现。红、黑两表笔分别测栅极(G)与发射极(E)之间的正反向特性,万用表两次所测的数值都为最大,这时可判定IGBT模块门极正常。如果有数值显示,则门极性能变差,此模块应更换。当正反向测试结果为零时,说明所检测的一相门极已被击穿短路。门极损坏时电路板保护门极的稳压管也将击穿损坏。

【实训实施】

1. 拆开变频机外盒,了解变频器的内部结构;
2. 认识变频器的接线端子;
3. 学习使用万用表检测变频器;
4. 教师检查指导。

实训报告(一)

课题名称：

工作台号：

合 作 人：

撰写实训报告说明

1. 字迹工整,内容真实。

2. 实训目的、电路、器材和步骤等内容通过预习在课前完成。

3. 实训过程中的内容在课内完成,杜绝后补实验数据现象。

4. 体会和建议在课后完成,要求客观、真实、全面。

5. 教师评价要客观公正,具有指导性和鼓励性的作用。

实训目的（根据实训题目预习本次实训课程的目的）：
实训器材（根据实训电路预先选择实训器材，包括元器件、工具和消耗材料等）：
实训电路（根据实训题目预先画出电路图）：
实训步骤（根据实训课题预先设计实训步骤，编写实训程序等）：

实训过程(记录实训过程中遇到的问题和解决问题的方法,记录测试数据和结论,记录通电验证结果等):
体会和建议(实训结束后完成此项内容):
教师评价:

实训课题二　变频器主回路和控制回路接线

【实训目的】

1. 熟悉变频器主回路接线原理图；
2. 熟悉变频器控制回路接线原理图。

【实训仪器】

1. MD380 变频器；
2. 异步电动机；
3. 数字万用表；
4. 电工工具(1 套)；
5. 连接导线若干。

【实训内容】

1. MD380 变频器产品命名与标牌标识规则如图 2－1 所示。

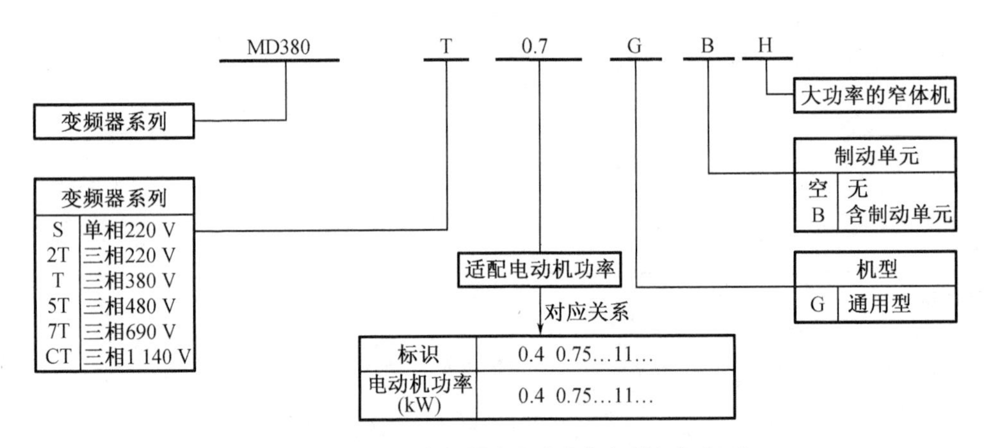

图 2－1　MD380 变频器产品命名与标牌标识规则

2. 变频器主回路接线

(1)变频器主回路接线原理图如图 2－2 所示。

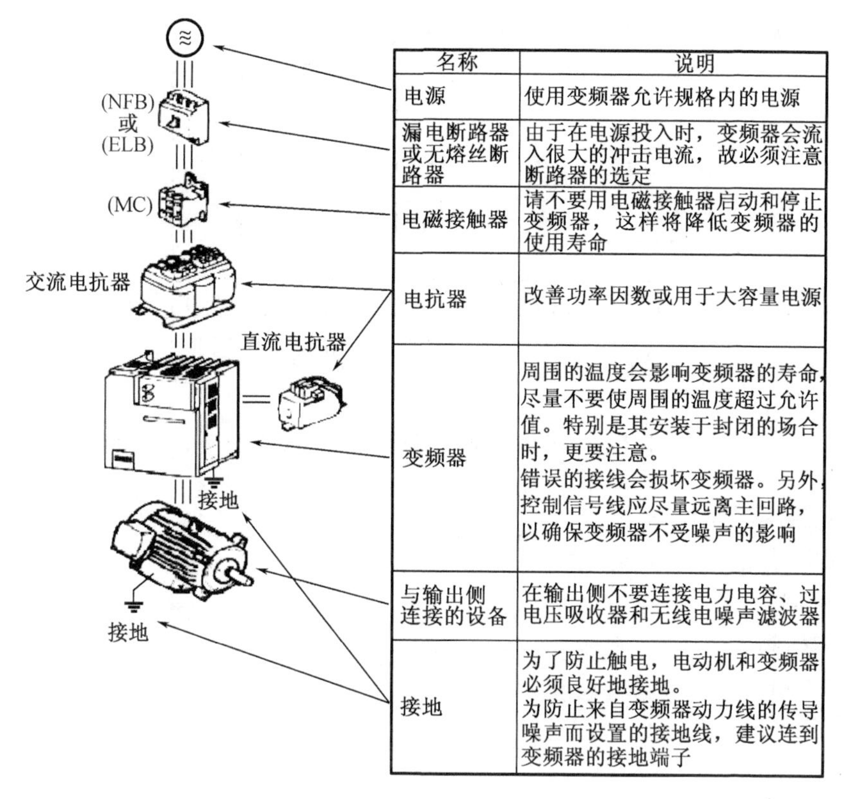

图 2－2　变频器主回路接线原理图

（2）变频器主回路接线注意事项：

①不允许将电源侧与负载侧接线接反，否则会烧变频器；

②用摇表检测电动机是否绝缘时，必须将变频器与电动机脱离，否则会烧变频器；

③变频器要正确接地，接地电阻要求小于 10 Ω。

（3）MD380 变频器主回路端子标记、名称和说明如表 2－1 所示。

表 2－1　MD380 变频器主回路端子标记、名称和说明

端子标记	名称	说明
L1、L2	单相电源输入端子	单相 220 V 交流电源连接点
（＋）、（－）	直流母线正、负端子	母线电压测试点
（＋）、PB	制动电阻接线端子	连接制动电阻
U、V、W	变频器输出端子	连接三相交流电动机
⏚	接地端子	连接接地线

(4)三相变频器主回路端子接线图如图 2-3 所示。

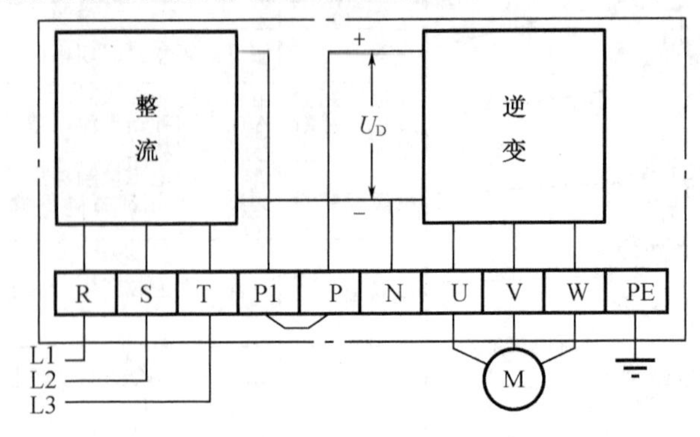

图 2-3　三相变频器主回路端子接线图

三相变频器各端子的作用:

RST:三相电源。

UVW:负载侧。

P1:整流输出侧。

P:逆变输入侧。

N:整流与逆变公共端。

PE:接地端。

3. 变频器控制回路

(1)外接扩展端子的外接频率给定和输入控制端接线如图 2-4 所示。

(2)外接扩展端子的外接输出控制端接线如图 2-5 所示。

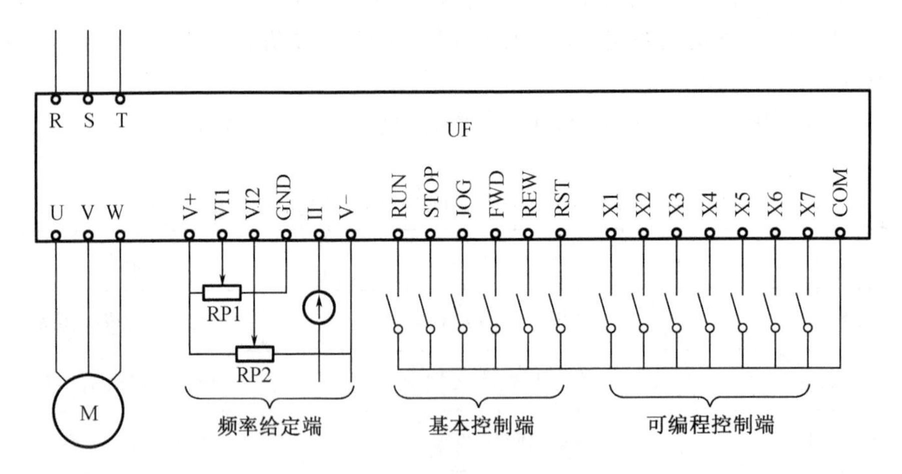

图 2-4　外接频率给定和输入控制端接线

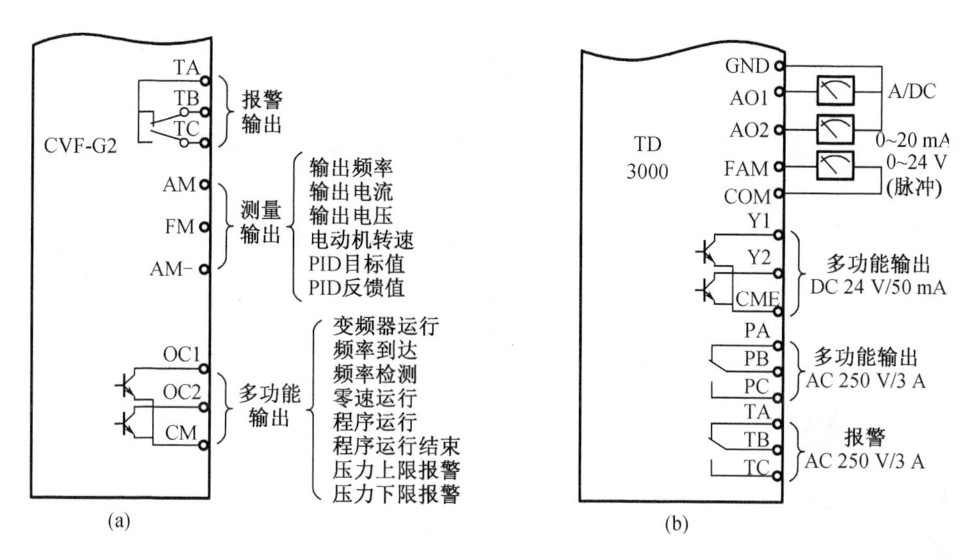

图 2-5　外接输出控制接线图

(3)外接扩展端子的模拟量输出端接线如图 2-6 所示。

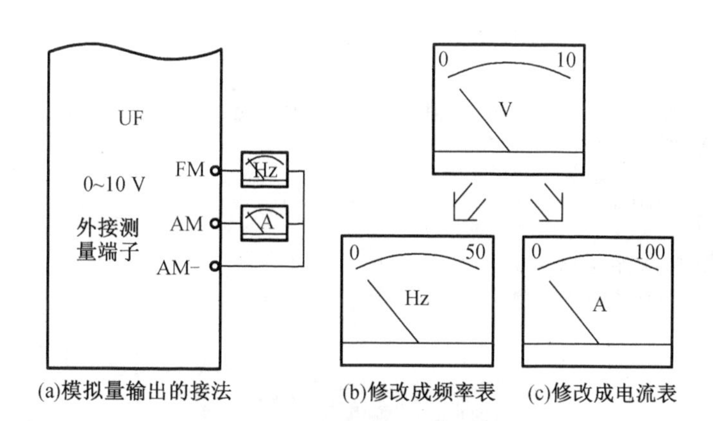

图 2-6　模拟量输出端接线图

(4)安川 Varispeed E7 变频器的开关量 I/O 接线如图 2-7 所示。

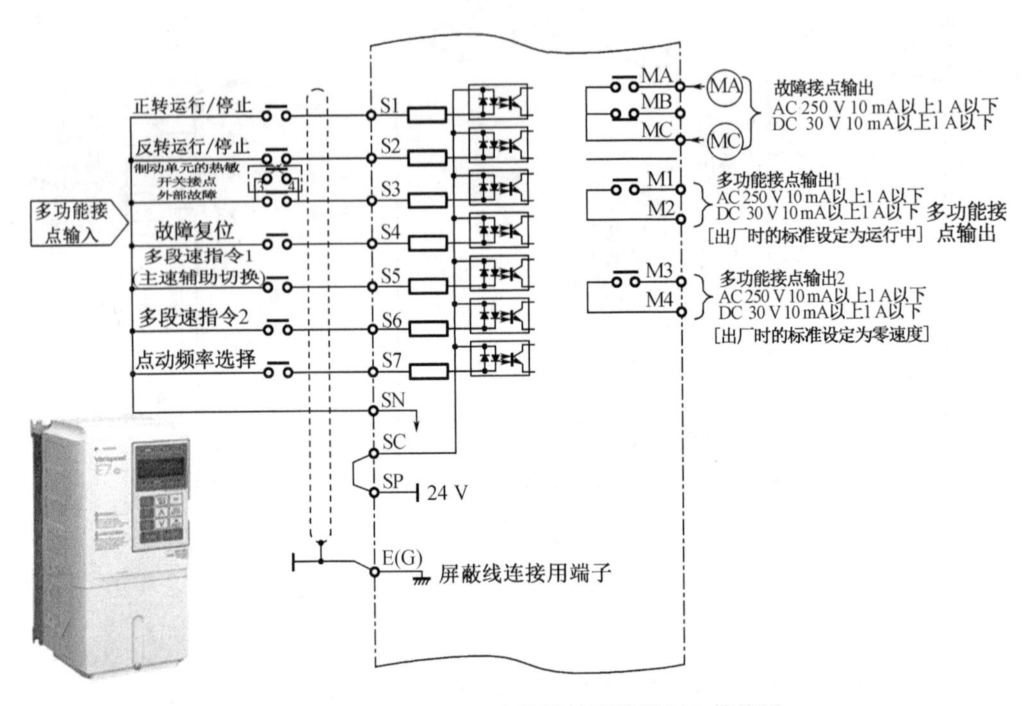

图 2－7　安川 Varispeed E7 变频器的开关量 I/O 接线图

(5)变频器的通信接口示意图如图 2－8 所示。

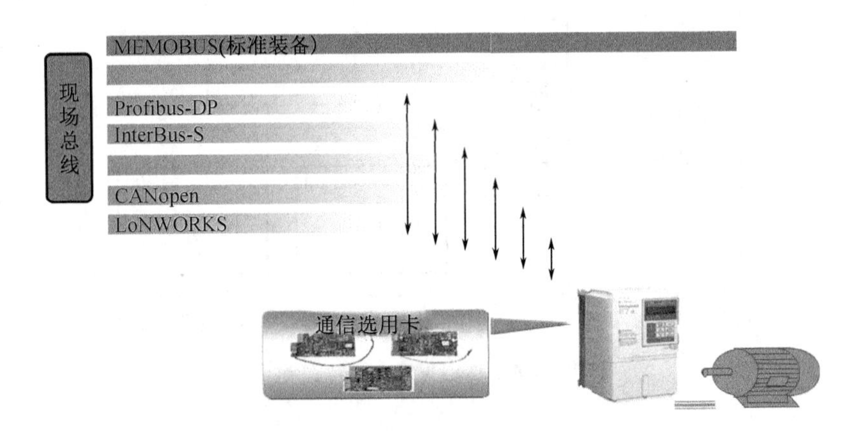

图 2－8　通信接口示意图

(6)变频器的人机界面示意图如图 2－9 所示。

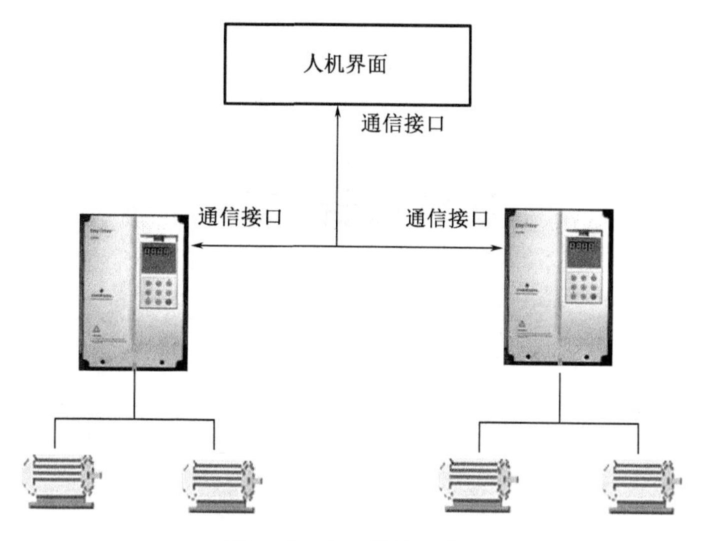

图 2-9　人机界面示意图

人机界面使用场合为各类中大型生产线或系统，其特点如下：
①所有控制均通过通信电缆；
②线路相对简单，自动化水平高，信息交换量大；
③实时性好，抗扰能力强，为防止网络故障，特设独立急停功能；
④投入大，调试维护困难。

【实训实施】

1. 根据电路原理图接线，要求如下：
(1)变频器与电动机接线；
(2)变频器端子接线；
(3)指示灯和蜂鸣器接线。
2. 教师检查指导：
(1)观察各学生接线是否正确；
(2)检测学生编写的程序；
(3)及时处理课堂上发生的各种情况。

实训报告(二)

课题名称:

工作台号:

合 作 人:

撰写实训报告说明

1. 字迹工整,内容真实。

2. 实训目的、电路、器材和步骤等内容通过预习在课前完成。

3. 实训过程中的内容在课内完成,杜绝后补实验数据现象。

4. 体会和建议在课后完成,要求客观、真实、全面。

5. 教师评价要客观公正,具有指导性和鼓励性的作用。

实训目的(根据实训题目预习本次实训课程的目的):
实训器材(根据实训电路预先选择实训器材,包括元器件、工具和消耗材料等):
实训电路(根据实训题目预先画出电路图):
实训步骤(根据实训课题预先设计实训步骤,编写实训程序等):

实训过程(记录实训过程中遇到的问题和解决问题的方法,记录测试数据和结论,记录通电验证结果等):
体会和建议(实训结束后完成此项内容):
教师评价:

实训课题三　变频器的操作与显示应用举例

【实训目的】

1. 熟悉 MD380 变频器操作面板的使用方法；
2. 掌握变频器的功能参数设置。

【实训仪器】

1. MD380 变频器；
2. 异步电动机；
3. 数字万用表；
4. 电工工具(1 套)；
5. 连接导线若干。

【实训原理】

1. MD380 变频器的操作面板

MD380 变频器的操作面板如图 3－1 所示。

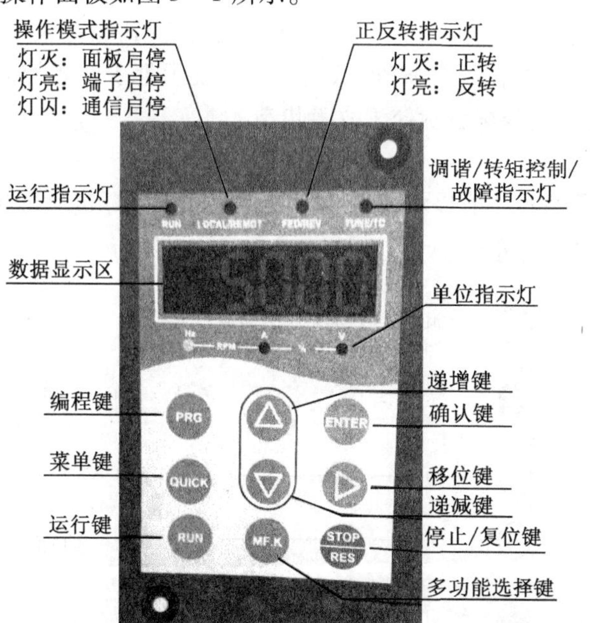

图 3－1　MD380 变频器的操作面板

MD380 变频器的操作按键名称及功能见表 3－1。

表 3－1　MD380 变频器的操作按键名称及功能表

按键	名称	功能
PRG	编程键	一级菜单进入或退出
ENTER	确认键	逐级进入菜单画面、设定参数确认
▲	递增键	数据功能码的递增
▼	递减键	数据功能码的递减
▶	移位键	在停机显示界面和运行显示界面下，可循环选择显示参数，在修改参数时，可以选择修改参数
RUN	运行键	键盘操作模式下，用于运行操作
STOP/ RES	停止/ 复位键	运行状态时，按此键用于停止运行操作，故障报警状态时，可用来复位操作，该键的特性受功能码 F7－02 制约
MF. K	多功能 选择键	根据 F7－01 做功能切换选择，可定义为命令源或方向快速切换
QUICK	菜单键	根据 FP－03 的设定值切换不同的菜单模式（默认为一种菜单模式）

2. 功能指示灯说明

RUN：运行指示灯。该灯亮时表明变频器处于运转状态，灯灭时表明变频器处于停机状态。

LOCAL/REMOT：操作模式指示灯。该灯熄灭时为面板启停模式；常亮时为端子启停模式；闪烁时为通信启停模式。

FWD/REV：正反转指示灯。灯亮时表示处于反转运行状态。

TUNC/TC：调谐/转矩控制/故障指示灯。灯亮表示处于转矩控制模式；灯慢速闪烁表示处于调谐状态；灯快速闪烁表示处于故障状态。

3. 单位指示灯说明

单位指示灯用于指示当前显示数据的单位。单位指示灯常见的单位指示如图 3－2 所示，其中○表示灯熄灭，●表示灯点亮。

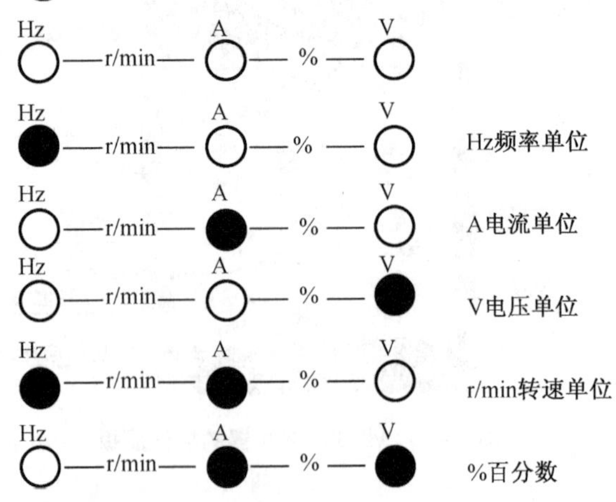

图 3－2　单位指示灯常见的单位指示

【实训内容】

1. 功能码查看与修改方法

MD380 变频器的操作面板采用三级菜单结构进行参数设置等操作。

三级菜单分别为功能菜单（一级菜单）、功能码（二级菜单）和功能码设定值（三级菜单）。

（1）三级菜单操作流程图如图 3－3 所示。

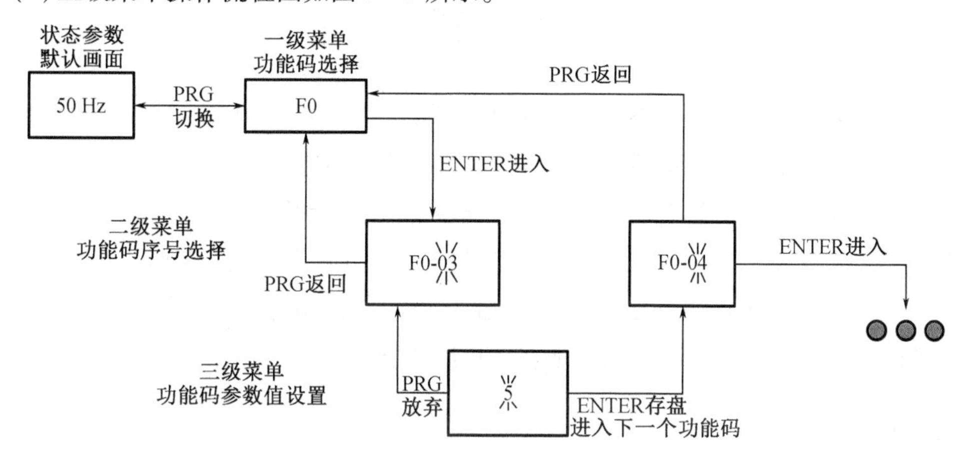

图 3－3　三级菜单操作流程图

（2）ENTER 与 PRG 的异同点：

相同点：在三级菜单操作时，按 PRG 键或 ENTER 键才能返回二级菜单。

不同点：按 ENTER 键时，是将设定参数保存后返回二级菜单，并自动转移到下一个功能码；而按 PRG 键时，则是放弃当前的参数修改，直接返回当前功能码序号的二级菜单。

2. 参数设置练习

参数设置练习流程图如图 3－4 所示。

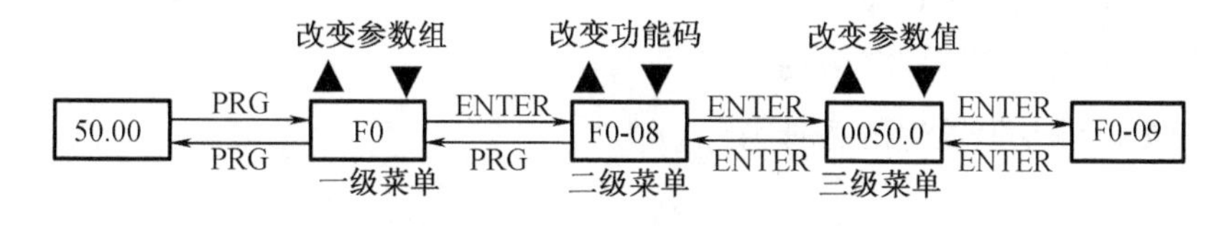

图 3－4　参数设置练习流程图

例 1　将变频器加速时间参数 F0－17 参数设置为 30 s。操作流程如图 3－5 所示。

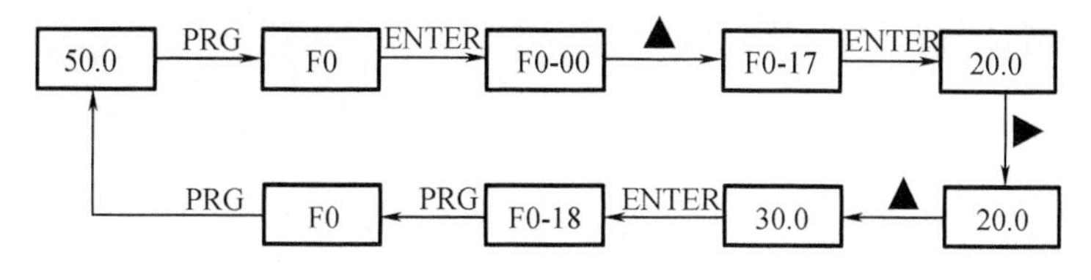

图 3－5　加速时间参数 F0－17 设置流程图

例 2 将变频器转矩提升参数 F3－01 设置为 5%。操作流程如图 3－6 所示。

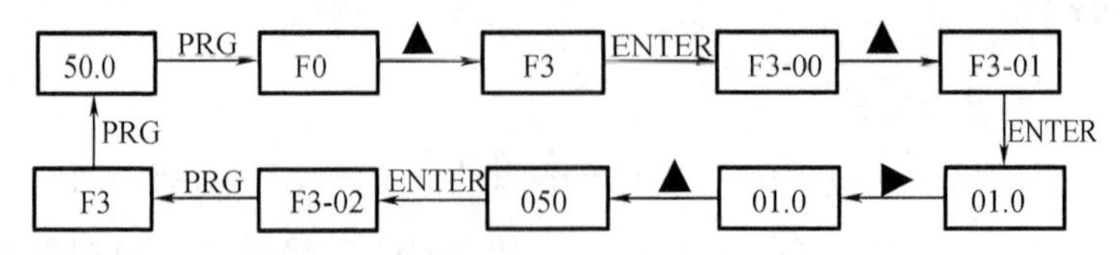

图 3－6 转矩提升参数 F3－01 设置流程图

练习:将功能码参数 F3－02 从 10 Hz 更改设定为 15 Hz。

例 3 修改变频器参数时的几种情况:

①运行时修改上限频率:将 F0－12＝50 Hz 修改为 F0－12＝40 Hz;

②在停机时修改最大频率:将 F0－10＝50 Hz 修改为 F0－1＝60 Hz;

③实际检测记录值,只能看、不能改:F9－18(故障电流参数)。

说明:在第三级菜单状态下,若参数没有闪烁,表示该功能码不能修改。可能的原因有两个:一是该功能码为不可修改参数,如变频器的类型、实际检测参数、运行记录参数等;二是该功能码在运行状态下不可修改,需要在停机后才能修改。

【实训实施】

1. 根据电路原理图接线,要求如下:

(1)变频器与电动机接线;

(2)指示灯和蜂鸣器接线。

2. 采用三级菜单结构进行参数设置:

(1)完成例题和练习题中参数的设置;

(2)运用 QUICK 键检查参数编写的正确性。

3. 教师检查指导:

(1)观察各学生接线是否正确;

(2)指导学生完成变频器参数的设置;

(3)及时处理课堂上发生的各种情况。

实训报告(三)

课题名称：

工作台号：

合 作 人：

撰写实训报告说明

1. 字迹工整,内容真实。

2. 实训目的、电路、器材和步骤等内容通过预习在课前完成。

3. 实训过程中的内容在课内完成,杜绝后补实验数据现象。

4. 体会和建议在课后完成,要求客观、真实、全面。

5. 教师评价要客观公正,具有指导性和鼓励性的作用。

实训目的(根据实训题目预习本次实训课程的目的):
实训器材(根据实训电路预先选择实训器材,包括元器件、工具和消耗材料等):
实训电路(根据实训题目预先画出电路图):
实训步骤(根据实训课题预先设计实训步骤,编写实训程序等):

实训过程(记录实训过程中遇到的问题和解决问题的方法,记录测试数据和结论,记录通电验证结果等):
体会和建议(实训结束后完成此项内容):
教师评价:

实训课题四　变频器的功能码管理(FP 组参数)

【实训目的】

1. 熟悉 MD380 变频器的功能码管理;
2. 掌握变频器参数的备份与初始化,以及参数的读取方式等。

【实训仪器】

1. MD380 变频器;
2. 异步电动机;
3. 数字万用表;
4. 电工工具(1 套);
5. 连接导线若干。

【实训内容】

1. 密码的设置与清除参数 FP－00

FP－00 的设置范围见表 4－1。

表 4－1　FP－00 的设置范围

FP－00	用户密码	出厂值	0
	设置范围	0～65535	

FP－00 参数说明:

设置 FP－00 为任意一个非零数字后,密码保护功能生效。下次进入菜单时,必须正确输入密码,否则不能查看和修改功能参数,所以一旦设置密码之后,一定要牢记所设置的用户密码。

设置 FP＝00000,可清除所设置的用户密码,使密码保护功能无效。

学生练习密码的设置和清除,强调每次实验后一定要清除密码。

2. 初始化参数 FP－01

FP－01 的设置范围见表 4－2。

表 4-2　FP-01 设置范围

FP-01	参数初始化		出厂值	0
	设置范围	0	无操作	
		1	恢复出厂参数(不包括电动机参数)	
		2	清除记录信息	
		4	备份用户参数	
		501	恢复用户参数	

FP-01 参数说明:

(1)FP-01=1 后,变频器功能参数大部分都恢复为出厂值,但是电动机参数、频率指令小数点(F0-22)、累计运行时间(F7-09)、累计上电时间(F7-13)、累计耗电量(F7-14)故障信息记录不被恢复。

(2)FP-01=2 后,累计运行时间(F7-09)、累计上电时间(F7-13)、累计耗电量(F7-14)故障信息记录被清除。

(3)FP-01=4 后,将当前所有功能参数的设置值备份下来,以方便用户在参数调整错乱后进行恢复。

(4)FP-01=501 后,恢复之前备份的用户参数,即恢复通过设置 FP-01=4 时所备份下来的参数。

练习:学生修改 F0-08,F0-10,F0-12,F0-17,F0-18 等参数,然后把 FP-01 按表 4-2 分别赋值,体验不同参数的功能。

3. 功能参数和个性参数 FP-02 和 FP-03

FP-02 和 FP-03 的设置范围见表 4-3。

表 4-3　FP-02 和 FP-03 的设置范围

FP-02	功能参数显示方式		出厂值	11
	设置范围	个位	U 组显示选择	
		0	不显示	
		1	显示	
		十位	A 组显示选择	
		0	不显示	
		1	显示	
FP-03	个性参数显示方式		出厂值	00
	设置范围	个位	用户定制参数显示选择	
		0	不显示	
		1	显示	
		十位	用户变更参数显示选择	
		0	不显示	
		1	显示	

参数显示方式的设立主要是方便用户根据实际需要查看不同排列形式的功能参数，MD380 变频器提供三种不同的参数显示方式，三种参数的名称和显示编码见表 4-4。

表 4-4　MD380 变频器三种参数名称和显示编码

名称	显示
功能参数方式	- bASE -
用户定制参数方式	- USEr -
用户变更参数方式	- - C - -

(1)功能参数方式：顺序显示变频器功能参数，分别有 F0 ~ FF、A0 ~ AF、U0 ~ UF 功能参数。

(2)用户定制参数方式：用户通过对 FE 组参数进行设置而得到参数，最多可以选择 32 个参数，这些参数汇总到一起后，可以方便用户对程序进行调试。显示此类参数时，在功能码前默认添加“u”。

(3)用户变更参数方式：与出厂参数不一致的功能参数。用户变更参数方式是用户更改出厂值之后的参数。此组参数有利于用户查看所更改的参数汇总，方便现场查找问题。显示此类参数时，在功能码前默认添加“c”。

MD380 变频器提供两组个性参数显示方式，即用户定制参数方式和用户变更参数方式。FP-03 设置参数不同时，显示方式不同，此时可以通过 QUICK 键切换进入到不同的各参数显示编码。

练习：学生自行变更五个参数及定制五个参数，然后通过 QUICK 键切换进入到不同的各参数显示编码。

4. 修改属性参数 FP-04

通过此参数的设置，可以有效预防功能参数被误修改的危险。

功能码参数是否可以被修改由参数 FP-04 决定：设置为 0 时，所有功能码均可被修改；设置为 1 时，所有功能码均只能被查看，不能被修改。

FP-04 的设置范围见表 4-5。

表 4-5　FP-04 的设置范围

<table>
<tr><td rowspan="3">FP-04</td><td colspan="2">功能码修改属性</td><td>出厂值</td><td>0</td></tr>
<tr><td rowspan="2">设置范围</td><td>0</td><td colspan="2">可被修改</td></tr>
<tr><td>1</td><td colspan="2">不可被修改</td></tr>
</table>

【实训实施】

1. 根据电路原理图接线，要求如下：

(1)变频器与电动机接线；

(2)变频器端子接线；

(3)指示灯和蜂鸣器接线。

2. 学习 FP 组功能码

(1)赋值给 FP－00 到 FP－04，并体会不同赋值时对应的功能；

(2)学习使用 QUICK 键对已被修改的参数进行查询；

(3)学习使用 QUICK 键定制参数。

3. 教师检查指导：

(1)观察各学生接线是否正确；

(2)检测学生编写的程序；

(3)及时处理课堂上发生的各种情况。

实训报告(四)

课题名称:

工作台号:

合 作 人:

撰写实训报告说明

1. 字迹工整,内容真实。

2. 实训目的、电路、器材和步骤等内容通过预习在课前完成。

3. 实训过程中的内容在课内完成,杜绝后补实验数据现象。

4. 体会和建议在课后完成,要求客观、真实、全面。

5. 教师评价要客观公正,具有指导性和鼓励性的作用。

实训目的(根据实训题目预习本次实训课程的目的):
实训器材(根据实训电路预先选择实训器材,包括元器件、工具和消耗材料等):
实训电路(根据实训题目预先画出电路图):
实训步骤(根据实训课题预先设计实训步骤,编写实训程序等):

实训过程(记录实训过程中遇到的问题和解决问题的方法,记录测试数据和结论,记录通电验证结果等):
体会和建议(实训结束后完成此项内容):
教师评价:

实训课题五　变频器命令源参数和频率源参数选择

【实训目的】

1. 熟悉 MD380 变频器的控制方式；
2. 掌握变频器的命令源和频率源的设定方法。

【实训仪器】

1. MD380 变频器；
2. 异步电动机；
3. 数字万用表；
4. 电工工具(1 套)；
5. 连接导线若干。

【实训原理】

1. 变频器的 V/F 控制

在频率低于供电的额定电源频率时调速属于恒转矩调速。变频器设计时为维持电动机输出转矩不变,必须维持每极气隙磁通 Φ_m 不变,三相异步电动机每相电势的有效值 $E_1 = 4.44f_1N_1\Phi_m$,也就是要使$\frac{E_1}{f_1}$ = 常数。然而,绕组中的感应电动势是难以直接控制的,当电动势值较高时,可以忽略定子绕组的漏磁阻抗压降,认为供给电动机的电压 $U_1 \approx E_1$,取电压 U_1与频率 f_1 按相同比例变化,即$\frac{U_1}{f_1}$ = 常数。这就是变频器的 V/F 控制。

2. 变频器的矢量控制

矢量控制是变频器的一种高性能控制方式,其做法是将三相异步电动机在三相坐标系下的定子电流 I_a、I_b、I_c 通过三相—二相变换,等效成两相静止坐标系下的交流电流 I_{a1} 和 I_{b1},再通过按转子磁场定向旋转变换,等效成同步旋转坐标系下的直流电流 I_{m1}、I_{t1}(I_{m1} 相当于直流电动机的励磁电流;I_{t1} 相当于与转矩成正比的电枢电流),然后模仿直流电动机的控制方法,求得直流电动机的控制量,经过相应的坐标反变换,实现对三相异步电动机的控制。变频器的矢量控制实质是将交流电动机等效为直流电动机,分别对速度、磁场两个分量进行独立控制,通过控制转子磁链,然后分解定子电流而获得转矩和磁场两个分量,经坐标变换,实现正交或解耦控制。

【实训内容】

1. 控制方式参数 F0－01

F0－01 的设置范围见表 5－1。

表 5－1　F0－01 的设置范围

F0－01	第 1 电动机控制方式		出厂值	0
	设置范围	0	无速度传感器矢量控制	
		1	有速度传感器矢量控制	
		2	V/F 控制	

参数说明：

(1)F0－01＝0：开环矢量控制，驱动一台电动机，适用于机床、离心机等负载。

(2)F0－01＝1：闭环矢量控制，驱动一台电动机，电动机轴端要加装编码器，适用于起重机、电梯等负载。

(3)F0－01＝2：V/F 控制，一台变频器可以控制多台电动机。

变频器对电动机采用矢量控制方式时，电动机要进行自动调谐。

2. 命令源参数 F0－02

命令源参数是用于选择变频器的启动、停止、正反转、点动等运行状态时的输入通道的参数。F0－02 的设置范围见表 5－2。

表 5－2　F0－02 的设置范围

F0－02	命令源选择		出厂值	0
	设置范围	0	操作面板命令通道	
		1	端子操作命令通道	
		2	通信命令通道	

参数说明：

(1)F0－02＝0：面板启停，变频器由操作面板上的 RUN 和 STOP/RES 键进行启停控制，此时运行指示灯 LOCAL/REMOT 处于熄灭状态。

(2)F0－02＝1：端子启停，变频器由定义后的多功能端子进行(正转、反转和点动)启停控制，此时运行指示灯 LOCAL/REMOT 处于常亮状态。

(3)F0－02＝2：通信启停，变频器的启停控制由可编程逻辑控制器(PLC)等设备完成，此时运行指示灯 LOCAL/REMOT 处于慢速闪烁状态。

3. 主频率源(X)参数 F0－03 和辅助频率源(Y)参数 F0－04

MD380 变频器设置了两个频率给定通道，分别为主频率源(X)和辅助频率源(Y)，两个通道可以单一通道工作，也可以随时切换，甚至可以通过设定计算方法把两个通道的设定频率进行叠加组合，以满足应用现场的不同控制要求。

F0－03 和 F0－04 的设置范围见表 5－3。

表 5－3　F0－03 和 F0－04 的设置范围

<table>
<tr><td rowspan="11">F0－03(X)
F0－04(Y)</td><td colspan="2">主频率源选择</td><td>出厂值</td><td>0</td></tr>
<tr><td rowspan="10">设置范围说明：F0－03 和 F0－04 的参数相同，但是在实际使用时，二者不能设置相同的参数</td><td>0</td><td colspan="2">数字给定(预置频率 F0－08，UP/DOWN 可被修改，掉电不记忆)</td></tr>
<tr><td>1</td><td colspan="2">数字给定(预置频率 F0－08，UP/DOWN 可被修改，掉电记忆)</td></tr>
<tr><td>2</td><td colspan="2">AI1</td></tr>
<tr><td>3</td><td colspan="2">AI2</td></tr>
<tr><td>4</td><td colspan="2">AI3</td></tr>
<tr><td>5</td><td colspan="2">PULSE 脉冲(DI5)</td></tr>
<tr><td>6</td><td colspan="2">多段速指令</td></tr>
<tr><td>7</td><td colspan="2">简易 PLC</td></tr>
<tr><td>8</td><td colspan="2">PID</td></tr>
<tr><td>9</td><td colspan="2">通信给定</td></tr>
</table>

通过表 5－3 可以看出，主频率源有 10 种频率给定方式，应用主频率源(X)给定参数 F0－03 可以选择设定其中的一种进行频率给定。

变频器的运行频率可以由功能码来确定，可以即时手动调整，可以用模拟量来给定，可以用多段速端子命令来给定，可以通过外部反馈信号由内置的 PID 调节器来闭环调节，也可以由上位机通信来控制。

主频率源(X)给定来源选择如图 5－1 所示。

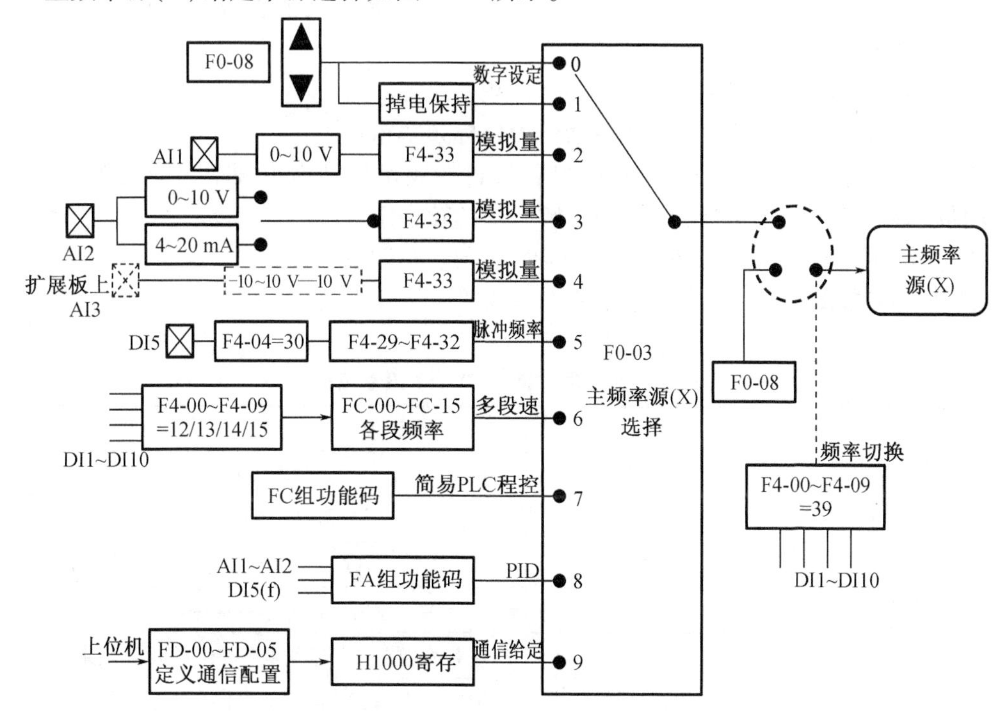

图 5－1　主频率源(X)给定来源选择

辅助频率源(Y)的来源与主频率源的来源一致，不同点是参数由 F4－04 设定选择，且频率切换的设置由主频率源的39改为40。

辅助频率源(Y)给定来源选择如图5-2所示。

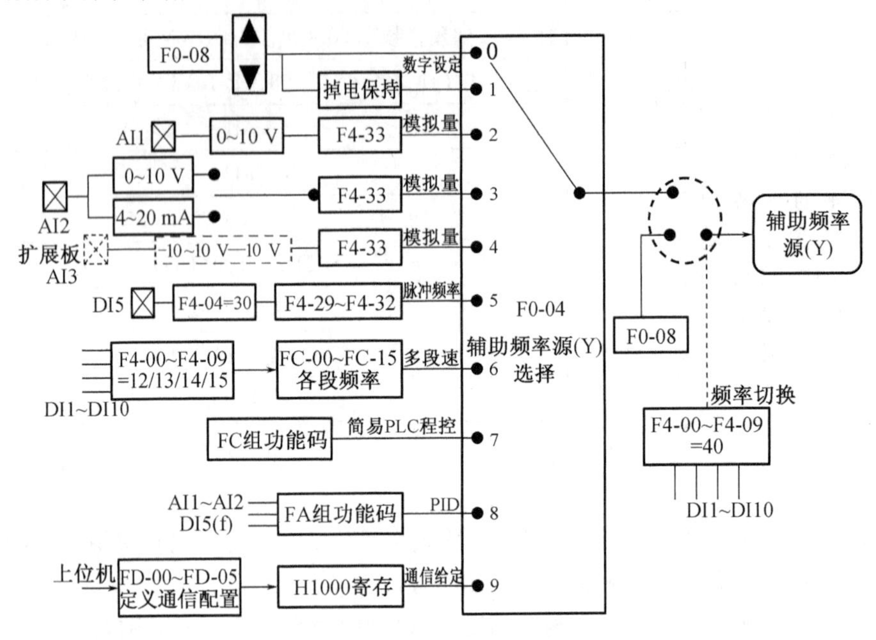

图5-2 辅助频率源(Y)给定来源选择

4. 主频率源(X)和辅助频率源(Y)的选择

在实际使用中,目标频率与主、辅助频率源之间的关系由功能参数F0-07进行设定,共有以下几种关系。

(1)主频率源(X):主频率源直接作为目标频率给定。

(2)辅助频率源(Y):辅助频率源直接作为目标频率给定。

(3)主辅运算(XY):主辅运算有几种情况,目标频率分别为主频率+辅助频率、主频率-辅助频率、主辅频率中的较大值、主辅频率中的较小值。

(4)频率切换:以上三种频率可以通过DI端子选择或切换。

频率叠加参数F0-07的设置范围见表5-4。

表5-4 频率叠加参数F0-07设置范围

F0-07	频率源叠加选择		出厂值	0
	设置范围	个位	频率源选择	
		0	主频率源(X)	
		1	主辅运算结果(运算关系由十位确定)	
		2	主频率源(X)与辅助频率源(Y)切换	
		3	主频率源(X)与辅助频率源(Y)运算结果切换	
		4	辅助频率源(Y)与主频率源(X)运算结果切换	

表 5－4(续)

F0－07	频率源叠加选择		出厂值	0
	设置范围	十位	频率源主辅运算关系	
		0	主＋辅	
		1	主－辅	
		2	二者最大值	
		3	二者最小值	

主辅频率混合给定来源选择如图 5－3 所示。

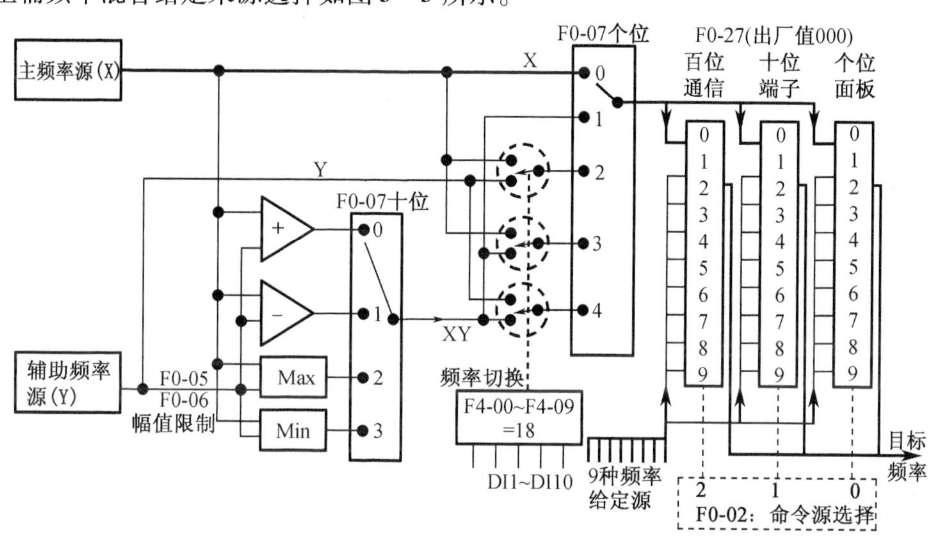

图 5－3　主辅频率混合给定来源选择

【实训实施】

1. 根据电路原理图接线，要求如下：

(1)变频器与电动机接线；

(2)变频器端子接线；

(3)指示灯和蜂鸣器接线。

2. 根据实训内容编写程序，并会运用 QUICK 键检查程序的正确性。

(1)设置 F0－01 的参数，上电运行三种赋值时电动机的运行状态；

(2)设置 F0－02 的参数，观察不同赋值时变频器面板的指示灯闪烁情况；

(3)设置 F0－03 的参数，并练习不同参数下频率的设定方式；

(4)设置 F0－04 的参数，并练习不同参数下频率的设定方式；

(5)设置 F0－07 的参数，并练习主辅频率源的选择和切换。

3. 教师检查指导：

(1)观察各学生接线是否正确；

(2)检测学生编写的程序；

(3)及时处理课堂上发生的各种情况。

实训报告(五)

课题名称:

工作台号:

合 作 人:

撰写实训报告说明

1. 字迹工整,内容真实。

2. 实训目的、电路、器材和步骤等内容通过预习在课前完成。

3. 实训过程中的内容在课内完成,杜绝后补实验数据现象。

4. 体会和建议在课后完成,要求客观、真实、全面。

5. 教师评价要客观公正,具有指导性和鼓励性的作用。

实训目的(根据实训题目预习本次实训课程的目的)：
实训器材(根据实训电路预先选择实训器材,包括元器件、工具和消耗材料等)：
实训电路(根据实训题目预先画出电路图)：
实训步骤(根据实训课题预先设计实训步骤,编写实训程序等)：

实训过程(记录实训过程中遇到的问题和解决问题的方法,记录测试数据和结论,记录通电验证结果等):
体会和建议(实训结束后完成此项内容):
教师评价:

实训课题六　变频器的面板启停和端子启停

【实训目的】

1. 掌握 MD380 变频器面板操作下频率的调节方式以及正反转和点动的操作方法；
2. 掌握 MD380 变频器端子控制下频率的调节方式以及正反转和点动的操作方法；
3. 熟悉 MD380 变频器面板操作和端子控制的切换方法。

【实训仪器】

1. MD380 变频器；
2. 异步电动机；
3. 数字万用表；
4. 电工工具(1 套)；
5. 连接导线若干。

【实训内容】

1. 面板启停,数字设定频率

面板启停、面板调速是变频器在出厂时已设置好的,也就是说只要变频器的参数值是在出厂值状态下,无须进行任何设置,即可以利用变频器面板上的相关按键对变频器进行启停控制,或是调节变频器的运行频率。

参数设置:

F0 - 01 = 2;V/F 控制

F0 - 02 = 0;面板启停

F0 - 03 = 0;数字设定频率,掉电不记忆

F0 - 07 = 00;主频率源有效

F0 - 08 = 20;预置频率 20 Hz

F0 - 17 = 3;加速时间 3 s

F0 - 18 = 5;减速时间 5 s

F0 - 19 = 1;加速时间单位

练习 1　设置 F0 - 03 = 1;数字设定频率,掉电记忆。

F0 - 01 = 　　;V/F 控制

F0 - 02 = 　　;面板启停

F0 - 03 = 　　;数字设定频率,掉电记忆

F0 - 07 = 　　;主频率源有效

F0 - 08 = 　　;预置频率 　　Hz

F0 - 17 = 　　;加速时间

F0 - 18 = ;减速时间

F0 - 19 = ;加速时间单位

练习 2 设置 F0 - 19 分别等于 0,1,2 时,看一下加速时间参数 F0 - 17 和减速时间参数 F0 - 18 的设置范围最小是多少、最大是多少,并完善表 6 - 1。

表 6 - 1 练习对应表格

	F0 - 19 = 0	F0 - 19 = 1	F0 - 19 = 2
F0 - 17	0 ~ 65 000 s		
F0 - 18			

2. 面板启停,端子 AI1 模拟量给定频率

端子 AI1 模拟量给定频率接线图如图 6 - 1 所示。图中的 RP1 是高精度的多圈电位器,阻值选择 1 ~ 10 kΩ 均可;通常情况下顺时针旋转为增速,逆时针旋转为减速。

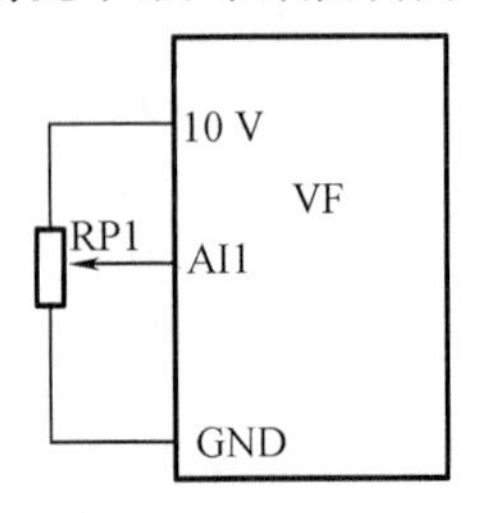

图 6 - 1 端子 AI1 模拟量给定频率接线图

参数设置:

F0 - 01 = 2;V/F 控制

F0 - 02 = 0;面板启停

F0 - 03 = 2;AI1 端子调频

F0 - 07 = 00;主频率源有效

F0 - 08 = 20;预置频率 20 Hz

3. 面板启停,MF. K 键切换正反转

MF. K 键是多功能选择键,它的设置范围见表 6 - 2。

表 6 - 2 多功能选择键 MF. K 的设置范围

F7 - 01	MF. K 键		出厂值	0
	设置范围	0	MF. K 键无效	
		1	面板、端子、通信三种操作间转换	
		2	正反转切换	
		3	正转点动	
		4	反转点动	

F7 - 01 = 1:可实现面板和端子两种启停方式的切换,或者是面板和通信两种启停方式

的切换。需要注意的两个问题：一是这种切换必须从面板开始，然后再切换回面板；二是无法完成端子与通信两种启停方式的切换。

F7－01＝2：在面板启停有效时，按 MF. K 键可实现正反转的转换。

F7－01＝3：在面板启停有效时，按 MF. K 键可实现正转点动。

F7－01＝4：在面板启停有效时，按 MF. K 键可实现反转点动。

4. 面板启停方式下，STOP/RESET 键功能

变频器操作面板上的 STOP/RESET 键具有一键双责的功能：一是通过适当的参数设置后，在变频器处于正常运行状态时，按下 STOP/RESET 键后变频器停止运行；二是在变频器处于故障报警状态时，按 STOP/RESET 键可使变频器恢复到故障前状态（复位）。

STOP/RESET 键的设置范围见表 6－3。

表 6－3　STOP/RESET 键的设置范围

<table>
<tr><td rowspan="3">F7－02</td><td colspan="2">STOP/RESET 键</td><td>出厂值</td><td>1</td></tr>
<tr><td rowspan="2">设置范围</td><td>0</td><td colspan="2">只在键盘操作模式下有效</td></tr>
<tr><td>1</td><td colspan="2">任何操作模式下停机均有效</td></tr>
</table>

5. 端子启停，面板调频，且端子和面板启停切换

端子启停可以实现对变频器的远距离控制，是变频器常用的启停方式。端子启停是通过对多功能输入端子进行适当的参数设置而实现的。

端子启停接线图如图 6－2 所示。

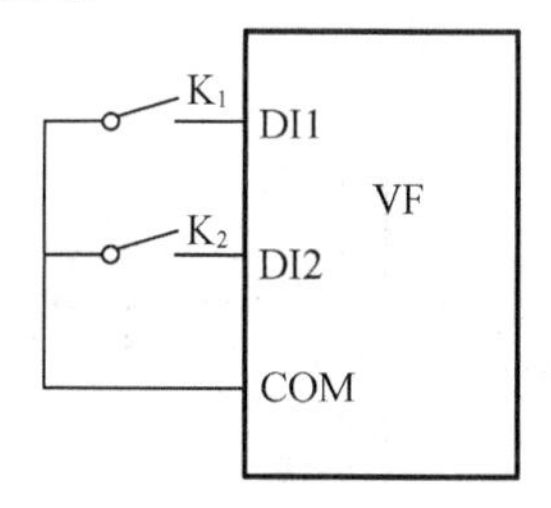

图 6－2　端子启停接线图

参数设置：

F0－01＝2；V/F 控制

F0－02＝1；端子启停控制

F0－03＝0；面板数字设定频率

F0－07＝00；主频率源有效

F0－08＝30；预置频率 30 Hz

F4－00＝1；DI1 端子正转运行有效

F4－01＝2；DI2 端子反转运行有效

F7－01＝1；端子和面板启停切换

F0－17＝3；加速时间

F0－18＝5；减速时间

F7－02＝0；STOP/RESET 键在端子时停机无效，面板时有效

练习：画出端子启停、端子 AI1 模拟量给定频率的接线图，写出参数设置，并上机进行验证。

F0－01＝　　;V/F 控制

F0－02＝　　;端子启停控制

F0－03＝　　;端子 AI1 模拟量设定频率

F0－07＝　　;主频率源有效

F0－08＝　　;预置频率　Hz

F4－00＝　　;DI1 端子正转运行有效

F4－01＝　　;DI2 端子反转运行有效

F7－01＝　　;端子和面板启停切换

F0－17＝　　;加速时间

F0－18＝　　;减速时间

F7－02＝　　;任何操作模式下停机均有效

6. 端子启停，AI2 端子给定频率

AI2 有两种输入方式：在电压输入时，电压为 0～10 V；在电流输入时，电流为 4～20 mA。电压输入与电流输入之间的转换由变频器控制板上的跳线 J8 进行选择。

端子启停，AI2 端子给定频率接线图如图 6－3 所示。

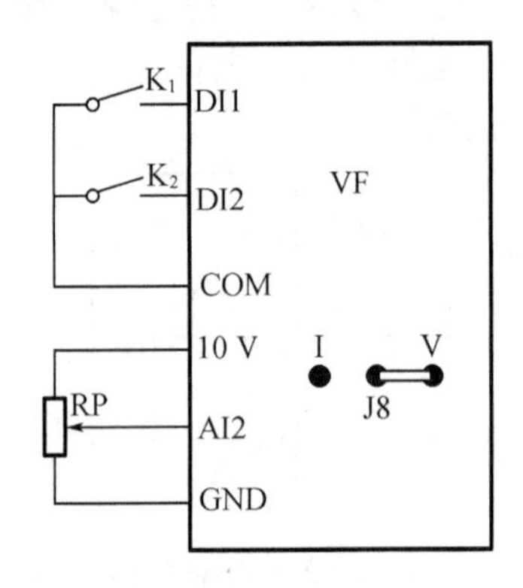

图 6－3　AI2 端子给定频率接线图

参数设置：

F0－01＝2;V/F 控制

F0－02＝1;端子启停控制

F4－00＝1;DI1 端子正转运行

F4－01＝2;DI2 端子反转运行

F0－03＝3;AI2 端子设定为频率源

F0－07＝00;主频率源有效

【实训实施】

1. 根据电路原理图接线，要求如下：

(1)变频器与电动机接线；

(2)变频器端子接线;
(3)指示灯和蜂鸣器接线。
2. 根据实训内容编写程序,并会运用 QUICK 键检查程序的正确性:
(1)设置 F0 - 02 的参数,观察不同赋值时变频器面板的指示灯闪烁情况;
(2)设置 F0 - 19 的参数,验证 F0 - 19 不同赋值时加减速时间的范围;
(3)设置 F0 - 02 = 0,练习面板启停方式下,频率给定的各种方式;
(4)设置 F0 - 02 = 1,练习端子启停方式下,频率给定的各种方式;
(5)练习使用 MF. K 键,设置 F7 - 01 的参数,实现变频器对电动机运行方式的切换;
(6)练习使用 STOP/RESET 键功能。
3. 教师检查指导:
(1)观察各学生接线是否正确;
(2)检测学生编写的程序;
(3)及时处理课堂上发生的各种情况。

实训报告(六)

课题名称:

工作台号:

合 作 人:

撰写实训报告说明

1. 字迹工整,内容真实。

2. 实训目的、电路、器材和步骤等内容通过预习在课前完成。

3. 实训过程中的内容在课内完成,杜绝后补实验数据现象。

4. 体会和建议在课后完成,要求客观、真实、全面。

5. 教师评价要客观公正,具有指导性和鼓励性的作用。

实训目的(根据实训题目预习本次实训课程的目的):
实训器材(根据实训电路预先选择实训器材,包括元器件、工具和消耗材料等):
实训电路(根据实训题目预先画出电路图):
实训步骤(根据实训课题预先设计实训步骤,编写实训程序等):

实训过程(记录实训过程中遇到的问题和解决问题的方法,记录测试数据和结论,记录通电验证结果等):
体会和建议(实训结束后完成此项内容):
教师评价:

实训课题七　端子启停，设置端子 UP/DOWN 给定频率

【实训目的】

1. 掌握 MD380 变频器在端子控制下，通过面板▲、▼或端子 UP/DOWN 实现对频率的调节以及正反转和点动的操作方法；
2. 熟悉停机记忆和掉电记忆的差别。

【实训仪器】

1. MD380 变频器；
2. 异步电动机；
3. 数字万用表；
4. 电工工具(1 套)；
5. 连接导线若干。

【实训内容】

1. 几个相关参数的设置范围

(1)主频率源选择范围见表 7 - 1。

表 7 - 1　主频率源选择范围

F0 - 03	主频率源选择		出厂值	0
	设置范围	0	数字设定(预置频率 F0 - 08，UP/DOWN 可被修改，掉电不记忆)	
		1	数字设定(预置频率 F0 - 08，UP/DOWN 可被修改，掉电记忆)	

(2)面板▲、▼或端子 UP/DOWN 改变频率时，预置频率的功能参数 F0 - 08 的设置范围见表 7 - 2。

表 7 - 2　F0 - 08 的设置范围

F0 - 08	预置频率	出厂值	50.00 Hz
	设置范围	0.00 Hz ~ 最大频率(对频率源选择为数字设定时有效)	

(3)面板▲、▼或端子 UP/DOWN 改变频率时，数字设定频率停机记忆选择的功能参数 F0 - 23 的设置范围见表 7 - 3。

表 7-3　F0-23 的设置范围

F0-23	数字设定频率停机记忆选择		出厂值	0
	设置范围	0	不记忆	
		1	记忆	

F0-23 要解决的是,变频器停机时是否记忆或不记忆停机时的运行频率。

(4)面板▲、▼或端子 UP/DOWN 改变频率时,运行时频率指令 UP/DOWN 基准的功能参数 F0-26 的设置范围见表 7-4。

表 7-4　F0-26 的设置范围

F0-26	运行时频率指令 UP/DOWN 基准		出厂值	0
	设置范围	0	运行频率	
		1	设定频率	

F0-26 要解决的是,当采用 UP/DOWN 功能时,目标频率是在运行频率上增减、还是在设定频率上增减问题。

2.应用举例

通过变频器多功能输入端口的接点信号吸合时间的长短,来改变输出频率值。MD380 变频器通常情况设置 DI3 为加速开关,DI4 为减速开关,DI5 为清零开关。这里所说的清零,特指清除增加或减少的速度,即恢复到 F0-08 所设置的速度。端子 UP/DOWN 给定频率时的波形图如图 7-1 所示。

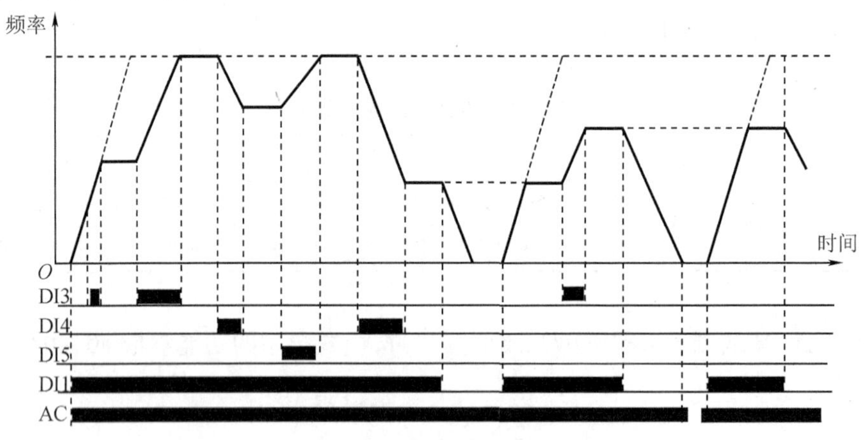

图 7-1　端子 UP/DOWN 给定频率时的波形图

(1)运行时频率指令 UP/DOWN 基准波形图如图 7-2 所示,其中图 7-2(a)是运行频率基础上的调速波形图,图 7-2(b)是设定频率基础上的调速波形图。

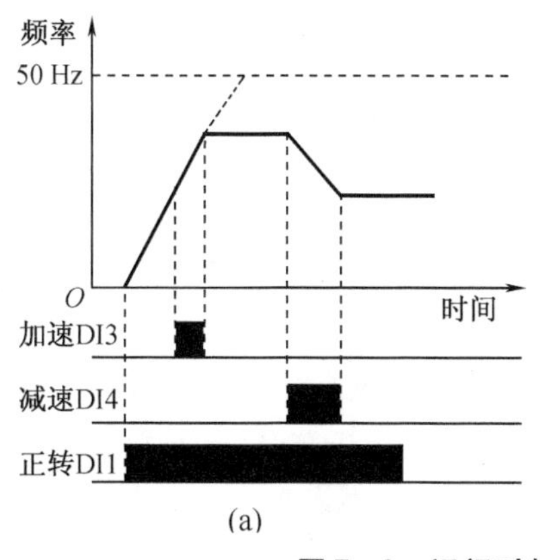

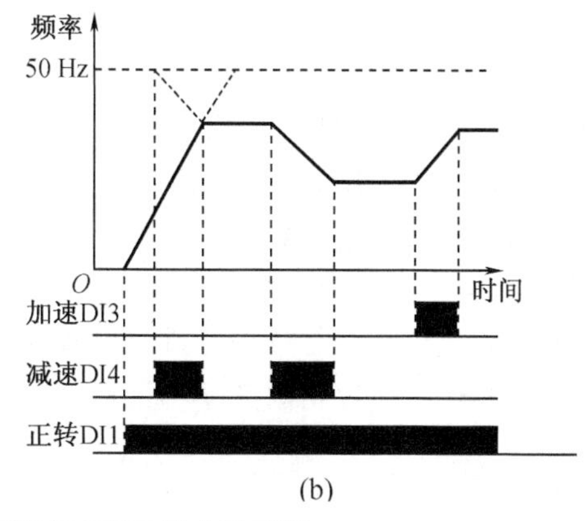

图 7－2　运行时频率指令 UP/DOWN 基准波形图

(2)端子 UP/DOWN 功能时的接线图如图 7－3 所示。

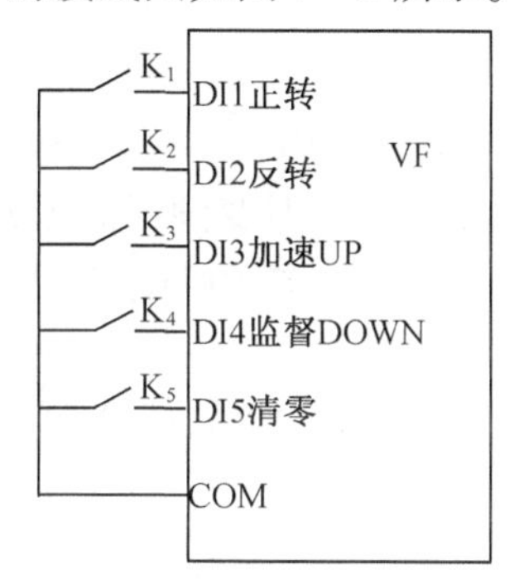

图 7－3　端子 UP/DOWN 功能时的接线图

(3)参数设置:

F0－01＝2;V/F 控制

F0－02＝1;端子启停

F4－00＝1;DI1 正转启停

F4－01＝2;DI2 反转启停

F0－03＝1;数字设定 UP/DOWN 停电记忆

F0－07＝00;主频率源有效

F4－02＝6;DI3 端子 UP 加速

F4－03＝7;DI4 端子 DOWN 减速

F4－04＝19;DI5 端子清零功能

F4－12＝1.00;端子 UP/DOWN 时频率变化率是 1.00 Hz/s

F0－08＝30;预置频率 30 Hz

F0－26＝0;运行频率基础上增减速

F0－23＝1;停机时频率记忆

练习:变频器面板启停时,通过▲、▼给定频率的参数设置程序。

要求:预置频率 25 Hz,在运行频率基础上增减速,停机时频率不记忆。(部分程序给定如下,不足的自行添加)

F0－01＝　　;V/F 控制

F0－02＝　　;面板启停

F4－00＝　　;DI1 正转启停

F4－01＝　　;DI2 反转启停

F0－03＝　　;数字设定

F0－07＝　　;主频率源有效

F0－26＝　　;运行频率基础上增减速

F0－23＝　　;停机时频率不记忆

【实训实施】

1. 根据电路原理图接线,要求如下:

(1)变频器与电动机接线;

(2)变频器端子接线;

(3)指示灯和蜂鸣器接线。

2. 根据实训内容编写程序,并会运用 QUICK 键检查程序的正确性。

(1)设置 F0－02 的参数,观察不同赋值时变频器面板的指示灯闪烁情况;

(2)修改 5 个参数(自行选定),对 F0－03 和 F0－23 赋值,体验掉电记忆和停机记忆的不同;

(3)设置 F0－26 的参数,通过例题和练习题,体会运行频率基础上增减速与设定频率基础上增减速的不同。

3. 教师检查指导:

(1)观察各学生接线是否正确;

(2)检测学生编写的程序;

(3)及时处理课堂上发生的各种情况。

实训报告(七)

课题名称:

工作台号:

合 作 人:

撰写实训报告说明

1. 字迹工整,内容真实。

2. 实训目的、电路、器材和步骤等内容通过预习在课前完成。

3. 实训过程中的内容在课内完成,杜绝后补实验数据现象。

4. 体会和建议在课后完成,要求客观、真实、全面。

5. 教师评价要客观公正,具有指导性和鼓励性的作用。

实训目的(根据实训题目预习本次实训课程的目的):
实训器材(根据实训电路预先选择实训器材,包括元器件、工具和消耗材料等):
实训电路(根据实训题目预先画出电路图):
实训步骤(根据实训课题预先设计实训步骤,编写实训程序等):

实训过程(记录实训过程中遇到的问题和解决问题的方法,记录测试数据和结论,记录通电验证结果等):
体会和建议(实训结束后完成此项内容):
教师评价:

实训课题八　端子启停，多段速设置频率控制实验

【实训目的】

1. 掌握变频器多段速频率控制方式；
2. 熟练掌握变频器的多段速运行操作过程。

【实训仪器】

1. MD380 变频器；
2. 异步电动机；
3. 数字万用表；
4. 电工工具(1 套)；
5. 连接导线若干。

【实训原理】

对于不需要连续调整变频器运行频率，只需使用若干个频率值的应用场合，可使用多段速控制。

MD380 变频器最多可设置 16 段运行频率，可通过 4 个 DI 输入信号的组合来选择，将 DI 端口对应的功能码设置为 12 ~ 15 的功能值，即指定多段频率指令输入端口，而所需的多段频率则通过 FC 组的多段频率表来设定，将“频率源选择(F0 - 03)”指定为多段频率给定方式。8 段速模式设置图如图 8 - 1 所示。

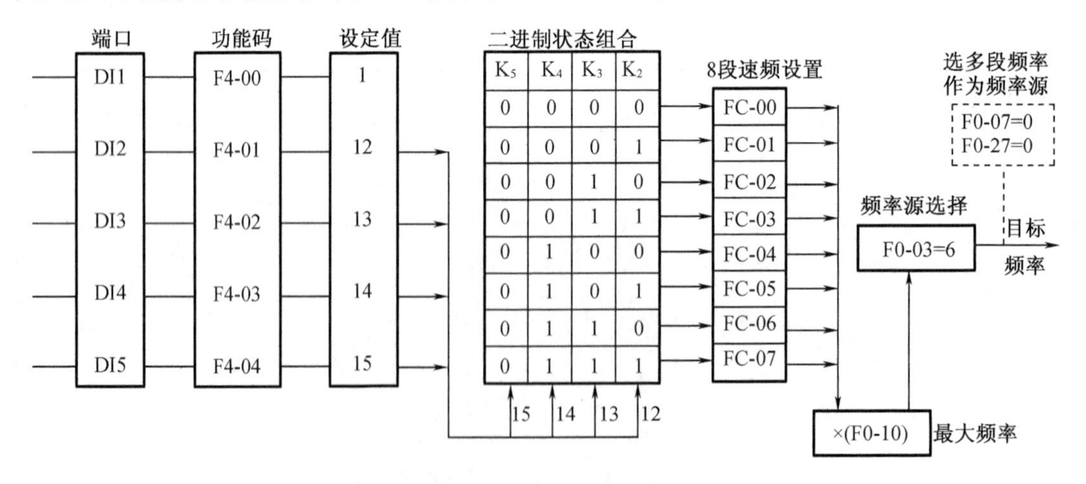

图 8 - 1　8 段速模式设置图

MD380 变频器最多可选择 4 个 DI 端口作为多段频率指令输入端，也允许少于 4 个 DI 端口进行多段频率给定，对于缺少的设置位，一直按状态“0”进行计算。

1. 多段速指令参数

多段速指令参数一共有 16 个，从 FC－00 一直到 FC－15，其参数的形式是相同的。多段速指令参数的设置范围见表 8－1。

多段速设置参数的量纲为百分数，它是相对于最大频率 F0－10＝100 Hz 的百分比，其正值为正转，负值为反转。当多段速设置参数的百分数一定，而最大频率 F0－10 的设置值发生变化时，多段速的目标频率也会随之变化。

表 8－1　多段速指令参数的设置范围

FC－00	多段速指令	出厂值	0.0%
	设置范围	－100% ～100%	

2. 8 段速真值表

通过端子启停变频器，由端子 DI2、DI3 和 DI4 可实现 8 段速设置，如果要实现 16 段速设置，再加上 DI5 即可。8 段速真值表见表 8－2。

表 8－2　8 段速真值表

	功能参数	K_4	K_3	K_2
0 段速	FC－00	0	0	0
1 段速	FC－01	0	0	1
2 段速	FC－02	0	1	0
3 段速	FC－03	0	1	1
4 段速	FC－04	1	0	0
5 段速	FC－05	1	0	1
6 段速	FC－06	1	1	0
7 段速	FC－07	1	1	1

3. 8 段速波形图

8 段速波形图如图 8－2 所示。

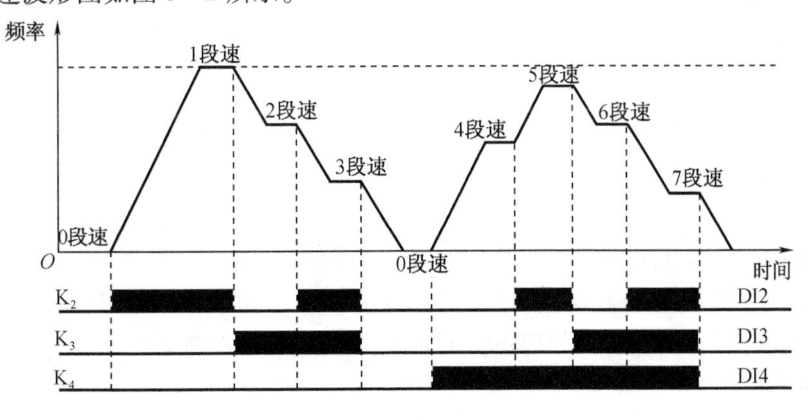

图 8－2　8 段速波形图

【实训内容】

1. 多段速设置频率接线

多段速设置频率接线图如图 8－3 所示。

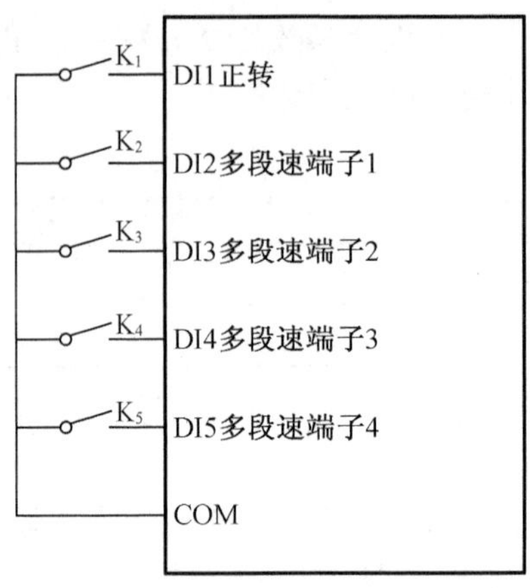

图 8－3　多段速设置频率接线图

2. 参数设置

F0－01＝2；V/F 控制

F0－02＝1；端子启停

F0－03＝6；多段速频率源

F4－00＝1；DI1 多段速运行

F4－01＝12；DI2 多段速端子 1

F4－02＝13；DI3 多段速端子 2

F4－03＝14；DI4 多段速端子 3

F4－04＝15；DI5 多段速端子 4

F0－07＝00；主频率源有效

F0－10＝100；最大频率 100 Hz

FC－00＝0

FC－01＝30

FC－02＝－30

FC－03＝20

FC－04＝－20

FC－05＝10

FC－06＝20

FC－07＝5

练习：写出 16 段速程序。

要求：DI2 为多段速端子 4、DI3 为多段速端子 3、DI4 为多段速端子 2、DI5 为多段速端子 1；16 个段速的频率自拟。（部分程序给定如下，不足的自行添加）

F0－01＝　　；V/F 控制

F0－02＝　　；端子启停

F0 - 03 = 　;多段速频率源
F4 - 00 = 　;DI1 多段速运行
F4 - 01 = 　;DI2 多段速端子 4
F4 - 02 = 　;DI3 多段速端子 3
F4 - 03 = 　;DI4 多段速端子 2
F4 - 04 = 　;DI5 多段速端子 1
F0 - 07 = 　;最大频率　　Hz
FC - 00 =
FC - 01 =
FC - 02 =
FC - 03 =
FC - 04 =
FC - 05 =
FC - 06 =
FC - 07 =
FC - 08 =
FC - 09 =
FC - 10 =
FC - 11 =
FC - 12 =
FC - 13 =
FC - 14 =
FC - 15 =

【实训实施】

1. 根据电路原理图接线,要求如下:
(1)变频器与电动机接线;
(2)变频器端子接线;
(3)指示灯和蜂鸣器接线。
2. 根据实训内容编写程序,并会运用 QUICK 键检查程序的正确性。
(1)练习 8 段速真值表和 16 段速真值表;
(2)分组练习"8421"和"1248"的程序设定方法,写出多段速运行的程序,并上机运行;
(3)练习不同段速的按键组合。
3. 教师检查指导:
(1)观察各学生接线是否正确;
(2)检测学生编写的程序;
(3)及时处理课堂上发生的各种情况。

实训报告(八)

课题名称:

工作台号:

合 作 人:

撰写实训报告说明

1. 字迹工整,内容真实。

2. 实训目的、电路、器材和步骤等内容通过预习在课前完成。

3. 实训过程中的内容在课内完成,杜绝后补实验数据现象。

4. 体会和建议在课后完成,要求客观、真实、全面。

5. 教师评价要客观公正,具有指导性和鼓励性的作用。

实训目的（根据实训题目预习本次实训课程的目的）：

实训器材（根据实训电路预先选择实训器材，包括元器件、工具和消耗材料等）：

实训电路（根据实训题目预先画出电路图）：

实训步骤（根据实训课题预先设计实训步骤，编写实训程序等）：

实训过程(记录实训过程中遇到的问题和解决问题的方法,记录测试数据和结论,记录通电验证结果等):
体会和建议(实训结束后完成此项内容):
教师评价:

实训课题九　变频器的加速时间和减速时间

【实训目的】

1. 掌握四组加减速时间的功能码；
2. 熟练掌握端子实现加减速时间的选择；
3. 了解根据运行频率范围选择加减速时间；
4. 了解加减速曲线的设定。

【实训仪器】

1. MD380 变频器；
2. 异步电动机；
3. 数字万用表；
4. 电工工具(1 套)；
5. 连接导线若干。

【实训原理】

1. 加减速时间

加速时间是指从零频率到加速时间基准频率(F0－25)所设定频率之间所需的时间；减速时间是指从加速时间基准频率(F0－25)所设定频率到零频率之间所需的时间。加减速时间示意图如图 9－1 所示。

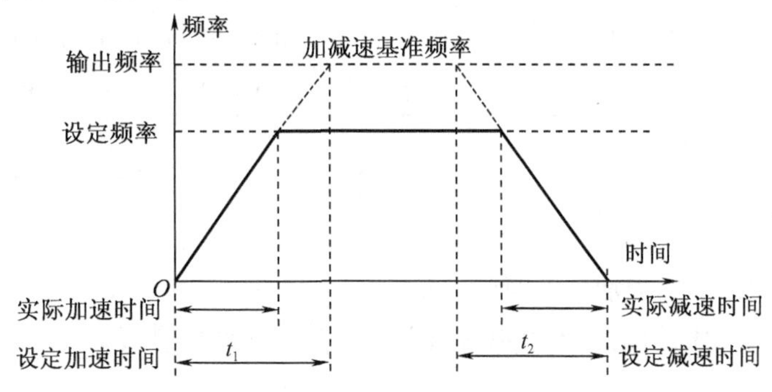

图 9－1　加减速时间示意图

MD380 变频器提供四组加减速时间，这四组加减速时间可利用数字量输入端子 DI 切换选择，四组加减速时间通过如下的功能码设置：

加减速时间 1：F0－17 和 F0－18。

加减速时间 2：F8－03 和 F8－04。

加减速时间 3：F8－05 和 F8－06。

加减速时间4:F8－07和F8－08。

加减速时间单位仍然由功能参数F0－19设定。

2.加减速时间基准频率F0－25的设置

加减速时间基准频率F0－25的设置范围见表9－1。

表9－1　加减速时间基准频率F0－25的设置范围

F0－25	加减速时间基准频率		出厂值	0
	设置范围	0	最大频率	
		1	设定频率	
		2	100 Hz	

当设置F0－25＝1时,加减速时间会随着设定频率的变化而变化。

3.加减速时间的设置

MD380变频器的四组加减速时间的定义是完全相同的。这里只列出加减速时间1的设置,其他三组(加减速时间2、加减速时间3和加减速时间4)的设置范围与此相同。

加速时间F0－17和减速时间F0－18的设置范围见表9－2。

表9－2　加速时间F0－17和减速时间F0－18的设置范围

F0－17	加速时间1	出厂值	随机型确定
	设置范围	F0－19＝2：0.00～650.00 s F0－19＝1：0.0～6 500.0 s F0－19＝0：0～65 000 s	
F0－18	减速时间1	出厂值	随机型确定
	设置范围	F0－19＝2：0.00～650.00 s F0－19＝1：0.0～6 500.0 s F0－19＝0：0～65 000 s	

【实训内容】

1.利用多功能端子实现加减速时间选择

利用DI1～DI5中的两个端子可以实现四组加减速时间的选择。

例如:

F4－03＝16;DI4端子为加减时间选择端子1

F4－04＝17;DI5端子为加减时间选择端子2

加减速时间选择端子功能说明见表9－3。

表 9－3　加减速时间选择端子功能说明

加减速时间选择端子 1	加减速时间选择端子 2	加减速时间选择	对应参数
0	0	加减速时间 1	F0－17、F0－18
0	1	加减速时间 2	F8－03、F8－04
1	0	加减速时间 3	F8－05、F8－06
1	1	加减速时间 4	F8－07、F8－08

2. 参数设置

F0－01＝2；V/F 控制

F0－02＝1；端子启停

F0－03＝2；AI1 频率给定

F0－07＝00；主频率源有效

F4－00＝1；DI1 正转

F4－01＝2；DI2 反转

F0－25＝0；最大频率为基准

F0－10＝50；最大频率 50 Hz

F0－19＝1；加减速时间单位为 0.1 s

F4－03＝16；DI4 为时间选择端子 1

F4－04＝17；DI5 为时间选择端子 2

F0－17＝10.0；加速时间 1，10 s

F0－18＝18.0；减速时间 1，18 s

F8－03＝20.0；加速时间 2，20 s

F8－04＝20.0；减速时间 2，20 s

F8－05＝30.0；加速时间 3，30 s

F8－06＝15.0；减速时间 3，15 s

F8－07＝40.0；加速时间 4，40 s

F8－08＝20.0；减速时间 4，20 s

根据表 9－3 选择不同的加减速时间，观察设定的加减速时间端子对加减速时间的影响。

3. 依据运行频率范围选择不同的加减速时间

该功能电动机选择为电动机 1，且未通过 DI 端子切换选择加减速时间时有效。用于在变频器运行过程中，不通过 DI 端子而是根据运行频率范围，自行选择不同加减速时间。

加（减）速时间 1 与加（减）速时间 2 切换频率点的设置范围见表 9－4。

表 9－4　加（减）速时间 1 与加（减）速时间 2 切换频率点的设置范围

F8－25	加速时间 1 与加速时间 2 切换频率点	出厂值	0.00 Hz
	设置范围	0.00 Hz～最大值	
F8－26	减速时间 1 与减速时间 2 切换频率点	出厂值	0.00 Hz
	设置范围	0.00 Hz～最大值	

加减速时间切换示意图如图 9－2 所示。

变频器加速过程中，运行频率小于 F8－25 设定值时，选择加速时间 2；大于 F8－25 设定值时，选择加速时间 1。

变频器减速过程中，运行频率大于 F8－26 设定值时，选择减速时间 1；小于 F8－26 设定值时，选择减速时间 2。

F8－25、F8－26 这两个参数的选择范围是 0.00 Hz～最大频率。

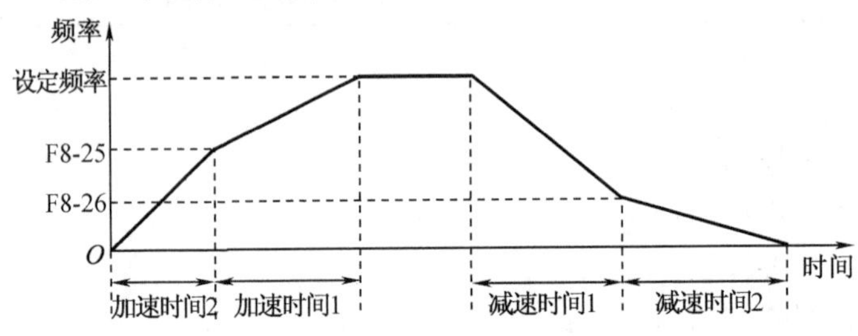

图 9－2　加减速时间切换示意图

4. 加减速曲线的设定

根据机械负载的特性，利用 F6－07 参数设置变频器启停过程中的频率变化方式，设定符合机械特性要求的加减速曲线，从而保证机械装置的平稳启停。

加减速方式参数 F6－07 的设置范围见表 9－5。

表 9－5　加减速方式 F6－07 的设置范围

F6－07	加减速方式		出厂值	0
	设置范围	0	直线加速	
		1	S 曲线加减速 A	
		2	S 曲线加减速 B	

F6－07＝0：直线加速，输出频率按照直线递增或递减。MD380 变频器提供四组加减速时间，可通过多功能输入端子（F4－00～F4－08）进行选择。直线加速示意图如图 9－3 所示。图 9－3 中的 t_1 为加速时间，t_2 为减速时间。

F6－07＝1：S 曲线加减速 A，输出频率按照 S 曲线递增或递减。S 曲线要求在平缓启动或停机的场所使用，如电梯、输送带等。S 曲线加减速 A 示意图如图 9－4 所示。

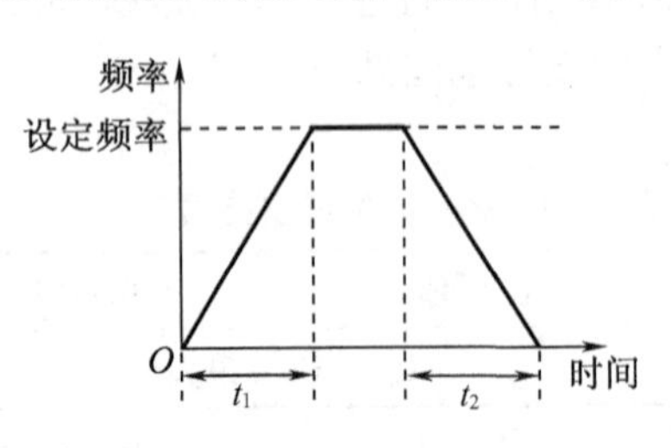

图 9－3　直线加速示意图

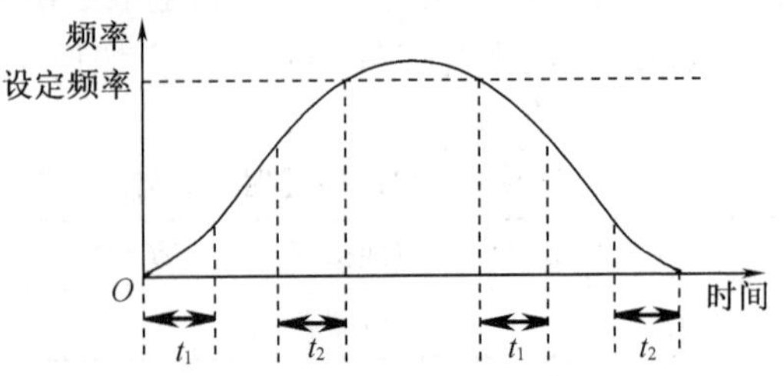

图 9－4　S 曲线加减速 A 示意图

S 曲线加减速的起始段和结束段的时间比例分别由功能码 F6－08 和 F6－09 定义。S

曲线加减速的起始段和结束段时间比例参数 F6－08 和 F6－09 的设置范围见表 9－6。

表 9－6　S 曲线加减速起始段和结束段时间比例参数 F6－08 和 F6－09 的设置范围

F6－08	S 曲线起始段时间比例	出厂值	30.0%
	设置范围	0.0%～(100.0%－F6－09)	
F6－09	S 曲线结束段时间比例	出厂值	30.0%
	设置范围	0.0%～(100.0%－F6－08)	

功能码 F6－08 和 F6－09 分别定义了 S 曲线加减速 A 的起始段和结束段时间比例，两个功能码的设置要满足(F6－08)＋(F6－09)≤100.0% 的要求。

图 9－4 中的 t_1 即为 F6－08 定义的时间，在此阶段内输出频率的斜率逐渐增大；t_2 即为 F6－09 定义的时间，在此阶段内输出频率的斜率逐渐变化到 0。在 t_1 和 t_2 之间的时间，输出频率变化的斜率是固定的，即此区间进行的是直线加减速。

F6－07＝2：S 曲线加减速 B，通常用于电动机额定频率以上时的加减速，S 曲线的拐点一般设置在电动机的额定频率上，S 曲线加减速 B 示意图如图 9－5 所示。从图中可以看出，设定频率是高于额定频率的，加减速时间 T 的长短由选定的加减速时间确定，也就是说 T 表示着频率从 0 加速到额定频率或从额定频率减速到 0 所用的时间。

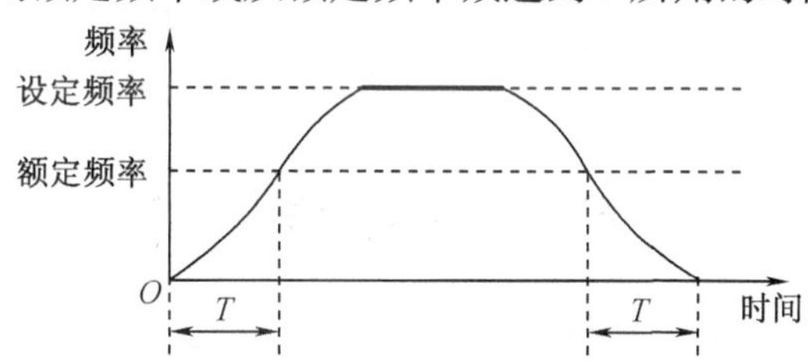

图 9－5　S 曲线加速 B 示意图

【实训实施】

1. 根据电路原理图接线，要求如下：

(1)变频器与电动机接线；

(2)变频器端子接线；

(3)指示灯和蜂鸣器接线。

2. 根据实训内容编写程序，并会运用 QUICK 键检查程序的正确性。

(1)练习 F0－19 不同赋值情况下，四组加减速时间的设定；

(2)利用多功能端子实现四组加减速时间选择，编写程序并上机运行；

(3)依据运行频率范围选择不同的加减速时间，编写程序并上机运行；

(4)练习加减速曲线的设定。

3. 教师检查指导：

(1)观察各学生接线是否正确；

(2)检测学生编写的程序；

(3)及时处理课堂上发生的各种情况。

实训报告(九)

课题名称:

工作台号:

合 作 人:

撰写实训报告说明

1. 字迹工整,内容真实。

2. 实训目的、电路、器材和步骤等内容通过预习在课前完成。

3. 实训过程中的内容在课内完成,杜绝后补实验数据现象。

4. 体会和建议在课后完成,要求客观、真实、全面。

5. 教师评价要客观公正,具有指导性和鼓励性的作用。

实训目的(根据实训题目预习本次实训课程的目的)：

实训器材(根据实训电路预先选择实训器材,包括元器件、工具和消耗材料等)：

实训电路(根据实训题目预先画出电路图)：

实训步骤(根据实训课题预先设计实训步骤,编写实训程序等)：

实训过程(记录实训过程中遇到的问题和解决问题的方法,记录测试数据和结论,记录通电验证结果等):
体会和建议(实训结束后完成此项内容):
教师评价:

实训课题十　端子启停，简易 PLC 设置

【实训目的】

1. 熟练掌握变频器的多段速运行操作过程；
2. 掌握 PLC 通过外部端子方式控制变频器。

【实训仪器】

1. MD380 变频器；
2. 异步电动机；
3. 数字万用表；
4. 电工工具(1 套)；
5. 连接导线若干。

【实训原理】

MD380 变频器的多段速指令，比通常的多段速具有更丰富的功能，除实现多段速功能外，还可以作为 V/F 分离的电压源，以及过程控制的给定源。为此，多段速指令的量纲为相对值。

简易 PLC 功能不同于 MD380 变频器的用户可编程功能，简易 PLC 功能只能完成对多段速指令的简单组合运行。

1. 多段速指令参数

多段速指令参数一共有 16 个，从 FC－00 到 FC－15，其参数的形式是相同的，所以在分析多段速指令参数时以 FC－00 为例，其他参数不在此赘述。多段速指令的设置范围见表 10－1。

表 10－1　多段速指令的设置范围

FC－00	多段速指令	出厂值	0.0%
	设置范围	－100%～100%	

多段速指令可以应用在三个场合，即作为频率源、作为 V/F 分离的电压源、作为过程数字电视(PID)的设定源。

在上述三种不同场合下，多段速指令的量纲均为相对值，范围为－100.0%～＋100.0%。多段速指令作为频率源时是相对于最大频率的百分比，其正值为正转，负值为反转；作为 V/F 分离的电压源时，为相对于电动机额定电压的百分比；PID 给定本来为相对值，多段速指令作为 PID 设定源时不需要量纲转换。

多段速指令需要根据多功能数字输入端子 DI 的不同状态进行切换选择，具体情形请参

考相应变频器说明书的相关参数。

2. 简易 PLC 运行方式

简易 PLC 作为频率源时，有三种运行方式。简易 PLC 运行方式的设置范围见表 10－2。

表 10－2　简易 PLC 运行方式的设置范围

<table>
<tr><td rowspan="4">FC－16</td><td colspan="2">简易 PLC 运行方式</td><td>出厂值</td><td>0</td></tr>
<tr><td rowspan="3">设置范围</td><td>0</td><td colspan="2">单次运行结束停机</td></tr>
<tr><td>1</td><td colspan="2">单次运行结束保持终值</td></tr>
<tr><td>2</td><td colspan="2">一直循环</td></tr>
</table>

FC－16＝0：单次运行结束停机，变频器完成一个单循环后自动停机，需要再次给出运行命令才能启动。

FC－16＝1：单次运行结束保持终值，变频器完成一个单循环后，自动保持最后一段的运行频率和方向。

FC－16＝2：一直循环，变频器完成一个循环后，自动开始进行下一个循环，直到有停机命令时停止。

注意：作为分离电压源使用时，不具有以上三种方式。

3. 简易 PLC 的记忆选择

简易 PLC 的记忆选择有两种：一是掉电记忆选择，二是停机记忆选择。简易 PLC 的记忆选择的设置范围见表 10－3。

表 10－3　简易 PLC 的记忆选择的设置范围

<table>
<tr><td rowspan="7">FC－17</td><td colspan="2">简易 PLC 掉电记忆选择</td><td>出厂值</td><td>00</td></tr>
<tr><td rowspan="6">设置范围</td><td>个位</td><td colspan="2">掉电记忆选择</td></tr>
<tr><td>0</td><td colspan="2">掉电不记忆</td></tr>
<tr><td>1</td><td colspan="2">掉电记忆</td></tr>
<tr><td>十位</td><td colspan="2">停机记忆选择</td></tr>
<tr><td>0</td><td colspan="2">停机不记忆</td></tr>
<tr><td>1</td><td colspan="2">停机记忆</td></tr>
</table>

PLC 掉电记忆是指记忆掉电前 PLC 的运行阶段及运行频率，下次上电时从记忆阶段继续运行；选择不记忆，则每次上电都重新开始 PLC 过程。

PLC 停机记忆是停机时记录前一次 PLC 的运行阶段及运行频率，下次运行时从记忆阶段继续运行；选择不记忆，则每次启动都重新开始 PLC 过程。

4. 简易 PLC 的运行时间和加减速时间

简易 PLC 的每一段速都要设置运行时间，从某一段速变化到另一段速也要设置加减速时间，所以一共有 16 组运行时间和加减速时间，0 段速是 FC－18 和 FC－19，1 段速是 FC－20 和 FC－21，…，15 段速是 FC－48 和 FC－49。由于这 16 组参数的设置方式相同，所以我们只列出其中的一组，其他照此设置即可。简易 PLC 的运行时间和加减速时间的设置范围见表 10－4。

表 10－4　简易 PLC 的运行时间和加减速时间的设置范围

FC－18	简易 PLC 第 0 段运行时间		出厂值	0.0 s(h)
	设置范围		0～6 500.0 s(h)	
FC－19	简易 PLC 第 0 段加减速时间选择		出厂值	0
	设置范围		0～3	
FC－50	简易 PLC 运行时间单位		出厂值	0
	设定范围	0	s(秒)	
		1	h(小时)	

MD380 变频器有四组加减速时间:

当 FC－19＝0 时,选择第一组加减速时间(F0－17 和 F0－18);

当 FC－19＝1 时,选择第二组加减速时间(F8－03 和 F8－04);

当 FC－19＝2 时,选择第三组加减速时间(F8－05 和 F8－06);

当 FC－19＝3 时,选择第四组加减速时间(F8－07 和 F8－08)。

5. 简易 PLC 的 0 段速频率给定方式选择

这个参数决定多段速指令当中的 0 段速的频率给定通道。0 段速除可以选择 FC－00 外,还有多种其他选项,方便在多段速指令与其他给定方式之间切换。简易 PLC 的 0 段速频率给定方式选择的设置范围见表 10－5。

表 10－5　简易 PLC 的 0 段速频率给定方式选择的设置范围

FC－51	多段速指令 0 段速给定方式		出厂值	0
	设置范围	0	FC－00 给定	
		1	AI1	
		2	AI2	
		3	AI3	
		4	PULSE 脉冲(DI5)	
		5	PID	
		6	预置频率(F0－08)给定 UP/DOWN 可修改	

【实训内容】

1. 简易 PLC 运行示意图

6 段速简易 PLC 示意图如图 10－1 所示。

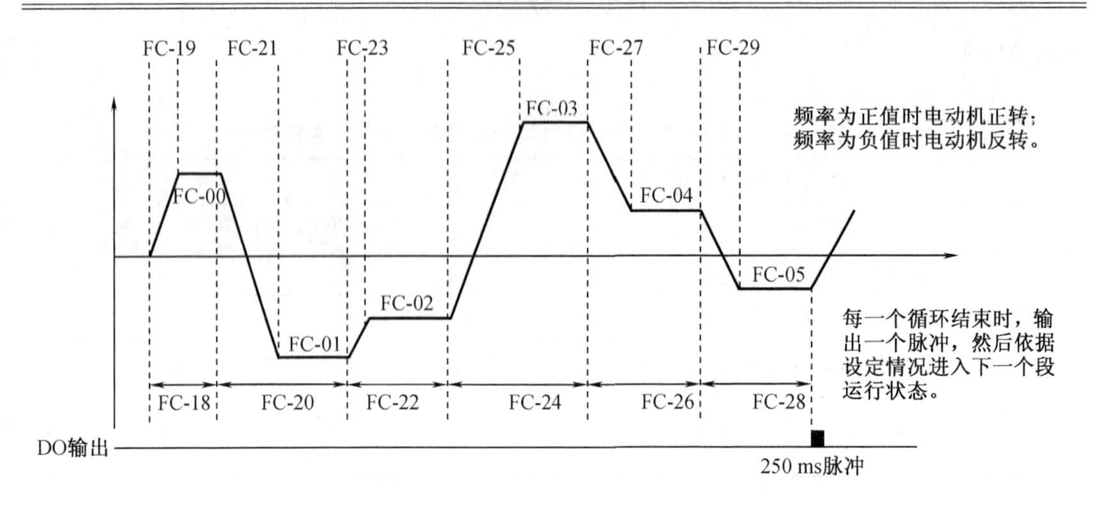

图 10－1　6 段速简易 PLC 示意图

2. 简易 PLC 接线图

简易 PLC 接线图如图 10－2 所示。

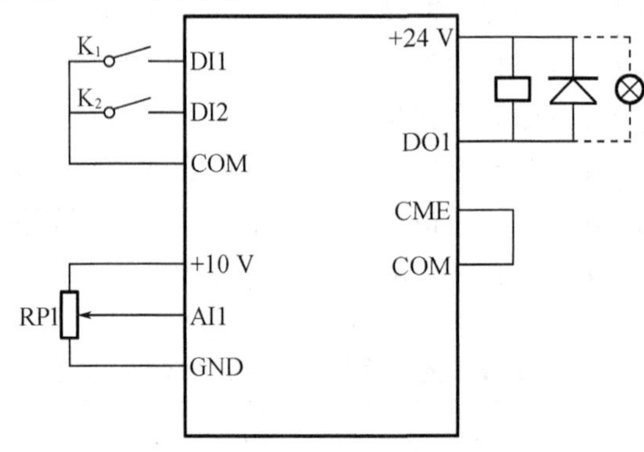

图 10－2　简易 PLC 接线图

3. 参数设置

F0－01＝2;V/F 控制

F0－02＝1;端子启停

F4－00＝1;DI1 正转

F4－01＝2;DI2 反转

F0－03＝7;简易 PLC 运行

F0－07＝00;主频率源有效

FC－16＝0;单次运行结束停机

FC－17＝00;停机不记忆(十位 1 记忆,0 不记忆),掉电不记忆(个位 1 记忆,0 不记忆)

FC－50＝0;简易 PLC 运行时间单位为 s

FC－51＝0;0 段速设置由 FC－00 给定

FC－18＝20.0;0 段速运行时间 20 s

FC－19＝0;加速时间 1

FC－20＝20.0;1 段速运行时间 20 s

FC－21＝1;加速时间 2

FC－22＝20.0;2 段速运行时间 20 s
FC－23＝2;加速时间 3
FC－24＝20.0;3 段速运行时间 20 s
FC－25＝3;加速时间 4
FC－26＝20.0;4 段速运行时间 20 s
FC－27＝0;加速时间 1
FC－28＝20.0;5 段速运行时间 20 s
FC－29＝1;加速时间 2
F0－10＝100;最大频率 100 Hz
F0－12＝100;上限频率 100 Hz
FC－00＝40;0 段速 40 Hz,正转
FC－01＝－40;1 段速 40 Hz,反转
FC－02＝25;2 段速 25 Hz,正转
FC－03＝－25;3 段速 25 Hz,反转
FC－04＝30;4 段速 30 Hz,正转
FC－05＝－30;5 段速 30 Hz,反转
F0－17＝10;加速时间 1
F0－18＝10;减速时间 1
F8－03＝10;加速时间 2
F8－04＝10;减速时间 2
F8－05＝10;加速时间 3
F8－06＝10;减速时间 3
F8－07＝10;加速时间 4
F8－08＝10;减速时间 4
F8－12＝2;正反转死区时间 2 s
F5－04＝11;PLC 循环完成
修改两个参数再实验:
FC－16＝2;PLC 一直循环
FC－17＝11;停机记忆,掉电也记忆
观察正转和反转时的运行状态。

练习:写出简易 PLC 设置频率的程序,要求 4 个段速,单次运行结束保持终值,停机记忆,掉电也记忆。(给出部分程序,不足的自行添加)

F0－01＝　　;V/F 控制
F0－02＝　　;端子启停
F4－00＝　　;DI1 反转
F4－01＝　　;DI2 正转
F0－03＝　　;简易 PLC 运行
F0－07＝　　;主频率源有效
FC－16＝　　;单次运行结束保持终值
FC－17＝　　;停机记忆,掉电也记忆
FC－50＝　　;简易 PLC 运行时间单位为 s
FC－51＝　　;0 段速设置由 FC－00 给定

FC－18＝15.0;0 段速运行时间 15 s
FC－19＝0;加速时间 1
FC－20＝25.0;1 段速运行时间 25 s
FC－21＝1;加速时间 2
FC－22＝35.0;2 段速运行时间 35 s
FC－23＝2;加速时间 3
FC－24＝50.0;3 段速运行时间 50 s
FC－25＝3;加速时间 4
F0－10＝　　;最大频率　　Hz
F0－12＝　　;上限频率　　Hz
FC－00＝　　;0 段速　　Hz,正转
FC－01＝　　;1 段速　　Hz,反转
FC－02＝　　;2 段速　　Hz,反转
FC－04＝　　;4 段速　　Hz,正转
FC－05＝　　;5 段速　　Hz,反转
FC－06＝　　;4 段速　　Hz,正转
FC－07＝　　;5 段速　　Hz,反转
F0－17＝　　;加速时间 1
F0－18＝　　;减速时间 1
F8－03＝　　;加速时间 2
F8－04＝　　;减速时间 2
F8－05＝　　;加速时间 3
F8－06＝　　;减速时间 3
F8－07＝　　;加速时间 4
F8－08＝　　;减速时间 4
F8－12＝2;正反转死区时间 2 s
F5－04＝11;单次运行结束保持终值

【实训实施】

1. 根据电路原理图接线,要求如下:
(1)变频器与电动机接线;
(2)变频器端子接线;
(3)指示灯和蜂鸣器接线。
2. 根据实训内容编写程序,并会运用 QUICK 键检查程序的正确性。
(1)对 FC－16 赋值,练习简易 PLC 运行方式;
(2)对 FC－17 赋值,练习简易 PLC 的记忆选择;
(3)讲练结合,实现简易 PLC8 段速和 6 段速运行方式程序编写,并上机运行。
3. 教师检查指导:
(1)观察各学生接线是否正确;
(2)检测学生编写的程序;
(3)及时处理课堂上发生的各种情况。

实训报告（十）

课题名称：

工作台号：

合 作 人：

撰写实训报告说明

1. 字迹工整，内容真实。

2. 实训目的、电路、器材和步骤等内容通过预习在课前完成。

3. 实训过程中的内容在课内完成，杜绝后补实验数据现象。

4. 体会和建议在课后完成，要求客观、真实、全面。

5. 教师评价要客观公正，具有指导性和鼓励性的作用。

实训目的（根据实训题目预习本次实训课程的目的）：
实训器材（根据实训电路预先选择实训器材，包括元器件、工具和消耗材料等）：
实训电路（根据实训题目预先画出电路图）：
实训步骤（根据实训课题预先设计实训步骤，编写实训程序等）：

实训过程（记录实训过程中遇到的问题和解决问题的方法，记录测试数据和结论，记录通电验证结果等）：
体会和建议（实训结束后完成此项内容）：
教师评价：

实训课题十一　端子启停，高速脉冲输入端 DI5 给定频率

【实训目的】

1. 掌握高速脉冲给定频率的原理；
2. 掌握两台变频器间的高速脉冲频率给定；
3. 了解端子启停，主频率源与高速脉冲频率源叠加。

【实训仪器】

1. MD380 变频器；
2. 异步电动机；
3. 数字万用表；
4. 电工工具(1 套)；
5. 连接导线若干。

【实训原理】

在变频器的给定频率源中，还有一种是通过端子 DI5 输入脉冲信号来给定的。脉冲信号的规格：电压范围为 9 ~ 30 V，频率范围为 0 ~ 100 kHz。

高速脉冲给定频率时的抗干扰能力远高于其他的频率给定方式。

脉冲给定只能从多功能输入端子 DI5 输入。DI5 端子输入脉冲频率与对应的设定关系，通过 F4 - 28 ~ F4 - 31 进行设置，该对应关系为两点的直线对应关系，脉冲输入所对应设定的 100.0% 是指相对最大频率 F0 - 10 的百分比。

高速脉冲可以由 PLC 提供，可以由另一台变频器提供，也可以利用自身的高速脉冲为自己提供，或者是由独立的其他脉冲源提供。

1. 脉冲给定频率功能码

脉冲给定频率功能码设置如图 11 - 1 所示。

2. 脉冲给定频率的相关参数

脉冲给定频率相关参数的设置范围见表 11 - 1。

变频器的最小输出频率 F4 - 29 和最大输出频率 F4 - 31 都以最大频率 F0 - 10 的百分比进行设定。举例：最大频率 F0 - 10 = 50 Hz，则 F4 - 28 = 0.00 kHz、F4 - 29 = 0.0% 时，变频器最小输出频率为 0 Hz；F4 - 30 = 20 kHz、F4 - 31 = 100.0% 时，变频器最大输出频率为 50 Hz。随着最大频率设置的改变，F4 - 31 也会随着改变。高速脉冲输入与频率输出对应关系如图 11 - 2 所示。

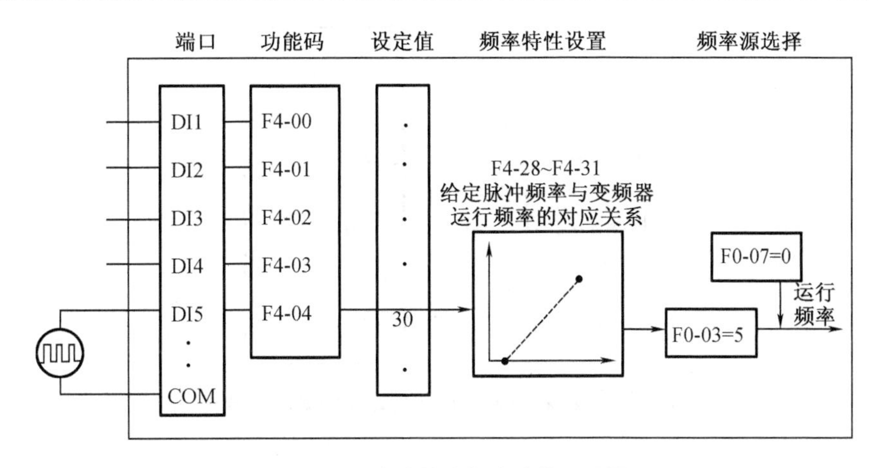

图 11－1　脉冲给定频率功能码设置

输出频率的设置可正、可负，也可为 0，如何设置需要根据实际需要进行。

表 11－1　脉冲给定频率相关参数的设置范围

功能码	名称		
F4－28	PULSE 最小输入	出厂值	0.00 kHz
	设置范围	0.00 kHz～F4－30	
F4－29	PULSE 最小输入对应设定	出厂值	0.00 kHz
	设置范围	－100.0%～100.0%	
F4－30	PULSE 最大输入	出厂值	50.00 kHz
	设置范围	F4－28～100.0 kHz	
F4－31	PULSE 最大输入对应设定	出厂值	0.00 kHz
	设置范围	－100.0%～100.0%	

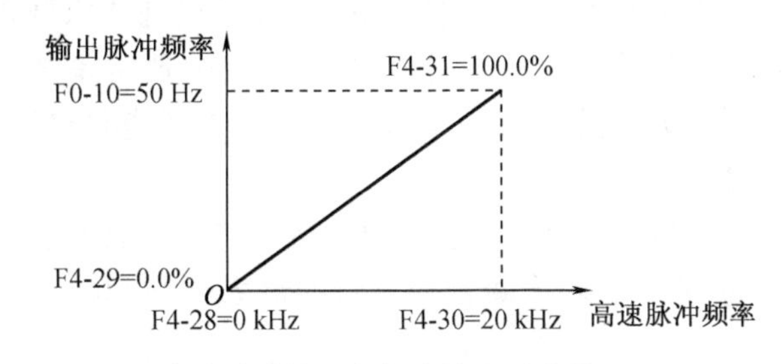

图 11－2　高速脉冲输入与频率输出对应关系

【实训内容】

1. PLC 高速脉冲频率给定变频器

PLC 的高速脉冲输出端口，只能使用晶体管光耦合输出，不能使用继电器输出。

(1) PLC 高速脉冲频率给定变频器接线图如图 11－3 所示。

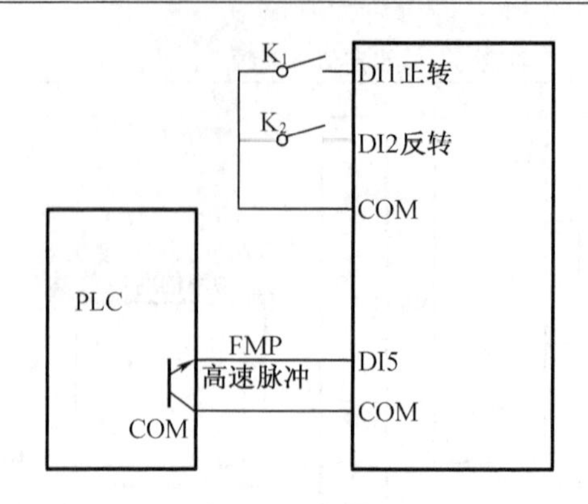

图 11－3　PLC 高速脉冲频率给定变频器接线图

(2)参数设置:

F0－01＝2;V/F 控制

F0－02＝1;端子启停

F4－00＝1;DI1 端子正转

F4－01＝2;DI2 端子反转

F0－03＝5;PULSE 脉冲频率设定

F4－28＝0;脉冲频率最小设定

F4－29＝0;脉冲最小输入对应设定

F4－30＝20;脉冲输入最大设定 20 kHz

F4－31＝100;脉冲最大输入对应设定

F0－10＝50;最大频率设定 50 Hz

F0－07＝00;主频率源有效

F4－04＝30;DI5 端子高速脉冲输入

2. 两台变频器间的高速脉冲给定

在生产实践过程中,根据生产工艺的需要,经常遇到要求两台电动机甚至更多台电动机同步启动、同步运行的情况。解决类似问题的方法,通常是把多台变频器中的一台作为主机,其他的变频器作为从机,主机变频器的频率由端子电位器给定,从机频率的给定由主机变频器的高速脉冲给定。

主机与从机之间可以完全同步,也可以比例同步:当两台变频器的最大频率 F0－10 的设置完全相同时,为完全同步;当两台变频器的最大频率 F0－10 的设置不相同时,为比例同步。

(1)相关参数:MD380 变频器的 FM 端子具有输出模式选择的功能,它既可以作为高速脉冲 FMP 的输出端子,也可以作为集电极开路开关量 FMR 的输出端子。FM 端子输出模式选择的设置范围见表 11－2。

表 11－2　FM 端子输出模式选择的设置范围

<table>
<tr><td rowspan="3">F5－00</td><td colspan="2">FM 端子输出模式选择</td><td>出厂值</td><td>0</td></tr>
<tr><td rowspan="2">设置范围</td><td>0</td><td colspan="2">脉冲输出 FMP</td></tr>
<tr><td>1</td><td colspan="2">开关量输出 FMR</td></tr>
</table>

当 FM 端子选择作为脉冲输出时，功能码 F5 - 09 用于选择输出脉冲的最大频率值。FMP 输出最大频率的设置范围见表 11 - 3。

表 11 - 3　FMP 输出最大频率的设置范围

F5 - 09	FMP 输出最大频率	出厂值	50 kHz
	设置范围	0.01 kHz ~ 100.00 kHz	

(2) 脉冲给定主、从机同步联动接线图如图 11 - 4 所示。

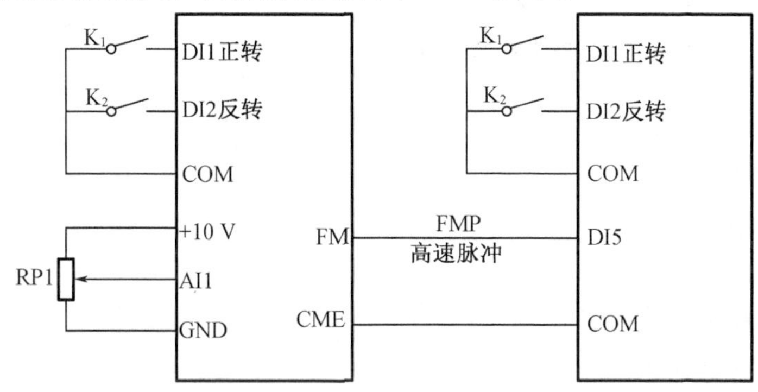

图 11 - 4　脉冲给定主、从机同步联动接线图

图 11 - 5 为主从机频率运行关系图，图 11 - 5 中的 RP1 为主机运行频率设置，从机运行频率由主机 FM 端高速脉冲给定。

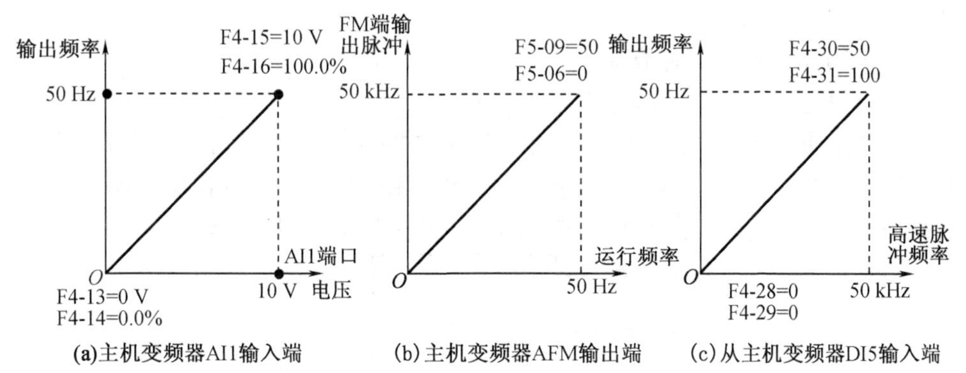

图 11 - 5　主从机频率运行关系图

(3) 主从机参数设置。

①主机参数设置：

F0 - 01 = 2；V/F 控制

F0 - 02 = 1；端子启停

F4 - 00 = 1；DI1 正转

F4 - 02 = 2；DI2 反转

F0－03＝2;AI1 给定

F0－10＝50;最大频率

F0－07＝00;主频率源

F4－33＝321;AI1 选择曲线 1

F4－13＝0;AI1 最低输入电压为 0 V

F4－14＝0;AI1 最低对应输出频率 0.0%

F4－15＝10;AI1 最高输入电压为 10 V

F4－16＝100;AI1 最高对应输出频率 100.0%

F5－00＝0;FM 端为高速脉冲输出(FMP)

F5－06＝0;FM 端输出为运行频率

F5－09＝50;FMP 输出最大频率 50 kHz

②从机参数设置:

F0－01＝2;V/F 控制

F0－02＝1;端子启停

F4－00＝1;DI1 正转

F4－02＝2;DI2 反转

F0－03＝5;高速脉冲给定

F4－28＝0;高速脉冲最小 0 kHz

F4－29＝0;高速脉冲最小对应输出频率 0.0%

F4－30＝50;高速脉冲最高 50 kHz

F4－31＝100;高速脉冲最高对应输出频率 100.0%

F0－10＝50;最大频率 50 Hz

F0－07＝00;主频率源有效

F4－04＝30;DI5 端子高速脉冲

3.端子启停,主频率源与高速脉冲频率源叠加

高速脉冲来源于变频器自身的 FM 端口。AI1 端输入电压从 0 升高一点后,FM 端即有高速脉冲输出,此脉冲与 AI1 端输入电压叠加,输出频率增大,FM 端输出也增大,直到输出频率达到最大。主频率源与高速脉冲频率源叠加接线图如图 11－5 所示。

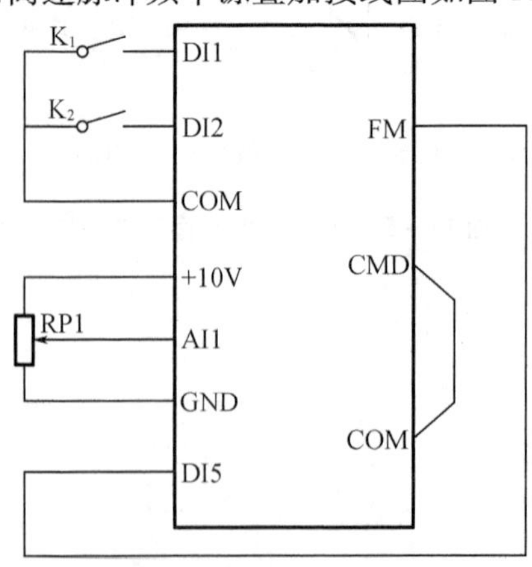

图 11－5　主频率源与高速脉冲频率源叠加接线图

参数设置：

F0 - 01 = 2；V/F 控制

F0 - 02 = 1；端子启停

F4 - 00 = 1；DI1 正转

F4 - 01 = 2；DI2 反转

F0 - 03 = 2；主频 AI1 输入

F0 - 04 = 5；辅频 DI5 输入脉冲

F0 - 05 = 0；相对最大频率

F0 - 06 = 100；100% 加入

F0 - 07 = 01；频率源主 + 辅

F5 - 00 = 0；FM 端为脉冲输出

F5 - 06 = 0；FM 端输出运行频率

F5 - 09 = 50；FM 端最大输出 50 kHz

F4 - 28 = 0；脉冲最小 0 kHz

F4 - 29 = 0；对应输出 0.0%

F4 - 30 = 50；脉冲最大 50 kHz

F4 - 31 = 100；对应输出频率 100.0%

F0 - 10 = 50；最大频率

F4 - 04 = 30；DI5 端子脉冲输入

【实训实施】

1. 根据电路原理图接线，要求如下：

(1)变频器与电动机接线；

(2)变频器端子接线；

(3)指示灯和蜂鸣器接线。

2. 根据实训内容编写程序，并会运用 QUICK 键检查程序的正确性。

(1)练习脉冲给定频率功能码的设定；

(2)PLC 高速脉冲频率给定变频器；

(3)两台变频器间的高速脉冲给定，主机与从机同步运行；

(4)端子启停，主频率源与高速脉冲频率源叠加。

3. 教师检查指导：

(1)观察各学生接线是否正确；

(2)检测学生编写的程序；

(3)及时处理课堂上发生的各种情况。

实训报告(十一)

课题名称:

工作台号:

合 作 人:

撰写实训报告说明

1. 字迹工整,内容真实。

2. 实训目的、电路、器材和步骤等内容通过预习在课前完成。

3. 实训过程中的内容在课内完成,杜绝后补实验数据现象。

4. 体会和建议在课后完成,要求客观、真实、全面。

5. 教师评价要客观公正,具有指导性和鼓励性的作用。

实训目的(根据实训题目预习本次实训课程的目的)：
实训器材(根据实训电路预先选择实训器材，包括元器件、工具和消耗材料等)：
实训电路(根据实训题目预先画出电路图)：
实训步骤(根据实训课题预先设计实训步骤，编写实训程序等)：

实训过程(记录实训过程中遇到的问题和解决问题的方法,记录测试数据和结论,记录通电验证结果等):
体会和建议(实训结束后完成此项内容):
教师评价:

实训课题十二　输入数字端子多功能选择

【实训目的】

1. 掌握端子多功能参数的设置；
2. 熟练掌握两线式接线和操作过程。

【实训仪器】

1. MD380 变频器；
2. 异步电动机；
3. 数字万用表；
4. 电工工具(1 套)；
5. 连接导线若干。

【实训原理】

MD380 变频器标配有 5 个多功能输入端子,其输入扩展卡上还有 5 个多功能输入端子,累计共有 10 个,每个端子有 50 余种功能可供选择,使变频器在使用中能够灵活、方便地应付复杂多变的电动机用途。每一个端子只有定义功能后才具有实际意义,没有给予定义的端子不具有实际意义。MD380 变频器标配多功能端子说明表见表 12 - 1。

表 12 - 1　MD380 变频器标配多功能端子说明表

功能码	端子名称	出厂值	功能	备注
F4 - 00	DI1 端子功能选择	1	正转运行	标配
F4 - 01	DI2 端子功能选择	4	正转点动	标配
F4 - 02	DI3 端子功能选择	9	故障复位	标配
F4 - 03	DI4 端子功能选择	12	多段速度 1	标配
F4 - 04	DI5 端子功能选择	13	多段速度 2	标配

扩展卡上多功能端子的初始值均为 0,即为无功能,必须给予定义后才能使用。

多功能参数 F4 - 11 定义了通过外部端子控制变频器运行的 4 种不同方式,分别是两线式 1 和两线式 2、三线式 1 和三线式 2。端子命令方式参数 F4 - 11 的设置范围见表 12 - 2。

表 12－2　端子命令方式参数 F4－11 的设置范围

F4－11	端子命令方式		出厂值	0
	设置范围	0	两线式模式 1	
		1	两线式模式 2	
		2	三线式模式 1	
		3	三线式模式 2	

下面以 DI1、DI2 和 DI3 三个多功能输入端子为例，进一步说明端子命令方式参数 F4－11 的 4 种控制方式。

【实训内容】

1. 两线式模式 1

两线式模式 1 为最常用的两线式模式。由端子 DI1 和 DI2 来决定电动机的正、反转。两线式模式 1 功能码设置范围见表 12－3。

表 12－3　两线式模式 1 功能码设置范围

功能码	端子名称	设定值	功能描述
F4－11	端子命令方式	0	两线式 1
F4－00	DI1 端子功能选择	1	正转运行(FWD)
F4－01	DI2 端子功能选择	2	反转运行(REV)

两线式模式 1 接线图如图 12－1 所示，操作开关 K_1 和 K_2 的真值表见表 12－4。

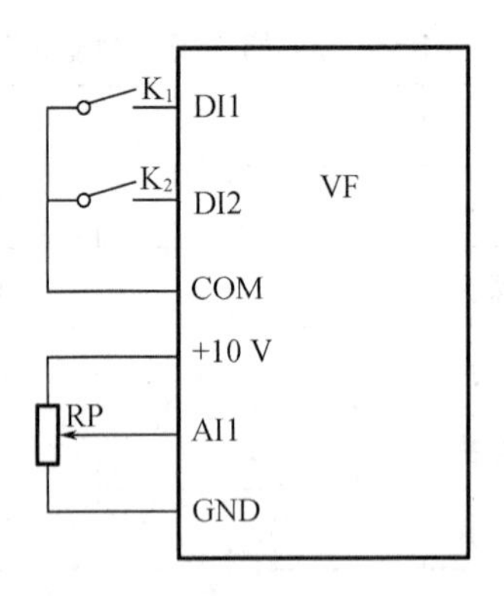

图 12－1　两线式模式 1 接线图

表 12－4　两线式模式 1 的操作开关 K_1 和 K_2 的真值表

K_1	K_2	运行命令
0	0	停转
1	0	正转

表 12 - 4(续)

K_1	K_2	运行命令
0	1	反转
1	1	停转

通过表 12 - 4 可以看出,当操作开关 K_1 和 K_2 的状态相同时,电动机处于停转状态;当操作开关 K_1 和 K_2 状态不同时,电动机处于运转状态,是正转还是反转则由多功能端子 DI1 和 DI2 的功能参数设置情况决定。

两线式模式 1 的参数设置:

F0 - 01 = 2;V/F 控制

F0 - 02 = 1;端子启停

F0 - 03 = 2;AI1 模拟量给定

F4 - 00 = 1;DI1 正转

F4 - 01 = 2;DI2 反转

F0 - 07 = 00;主频率源有效

F4 - 11 = 0;端子命令方式为两线式模式 1

2. 两线式模式 2

两线式模式 2 时 DI1 端子功能为运行使能端子,而 DI2 端子功能为确定运行方向。两线式模式 2 功能码设置范围见表 12 - 5。

表 12 - 5　两线式模式 2 功能码设置范围

功能码	端子名称	设定值	功能描述
F4 - 11	端子命令方式	1	两线式 2
F4 - 00	DI1 端子功能选择	1	运行使能
F4 - 01	DI2 端子功能选择	2	正反运行方向

两线式模式 2 的接线图与两线式 1 相同(图 12 - 1),参数设置如下:

F0 - 01 = 2;V/F 控制

F0 - 02 = 1;端子启停

F0 - 03 = 2;AI1 模拟量给定

F4 - 00 = 1;DI1 正转

F4 - 01 = 2;DI2 反转

F0 - 07 = 00;主频率源有效

F4 - 11 = 1;端子命令方式为两线式模式 2

两线式模式 2 的操作开关 K_1 和 K_2 的真值表见表 12 - 6。

表 12－6　两线式模式 2 的操作开关 K_1 和 K_2 的真值表

K_1	K_2	运行命令
0	0	停转
1	0	正转
0	1	停转
1	1	反转

由表 12－6 可以看出,电动机能不能转动由 DI1 端子的状态决定,是正转还是反转由 DI2 端子状态决定。即 DI1 端子叫作运行使能端子,只要 DI1 对应的开关 K_1 处于断开状态,变频器就是停止运行的状态。

3. 三线式模式 1

三线式控制方式是一种脉冲触发式的启停方式,也就是说在三线式控制中,变频器的启停不是用开关来控制的,而是用按钮来控制的。

三线式模式 1 时,DI3 是使能端子,方向分别由 DI1 和 DI2 控制。三线式模式 1 功能码设置范围见表 12－7。

表 12－7　三线式模式 1 功能码设置范围

功能码	端子名称	设定值	功能描述
F4－11	端子命令方式	2	三线式 1
F4－00	DI1 端子功能选择	1	正转运行(FWD)
F4－01	DI2 端子功能选择	2	反转运行(REV)
F4－02	DI3 端子功能选择	3	三线式运行控制

三线式模式 1 接线图如图 12－2(a)所示;三线式模式 1 运行状态图如图 12－2(b)所示。

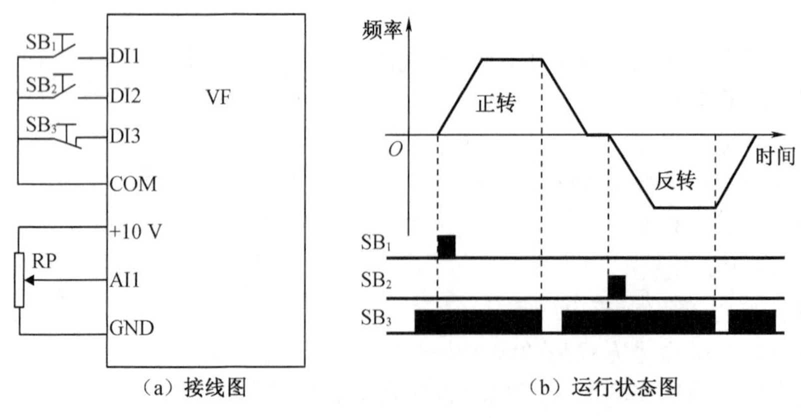

(a) 接线图　　(b) 运行状态图

图 12－2　三线式模式 1

三线式模式 1 运行状态如图 12－2(b)所示,在 SB_3 按钮常闭状态下,按下按钮 SB_1 变频器正转,按下按钮 SB_2 变频器反转,按下按钮瞬间变频器停机。正常启动和运行过程中,

按钮 SB_3 必须保持闭合状态，按钮 SB_1 和按钮 SB_3 的命令在闭合命令的前沿即刻生效；同样，按钮 SB_3 的停机命令是一个负脉冲，也是在命令的前沿即刻生效。

参数设置：

F0－01＝2；V/F 控制

F0－02＝1；端子启停

F0－03＝2；AI1 模拟量给定

F4－00＝1；DI1 正转

F4－01＝2；DI2 反转

F4－02＝3；DI3 三线式运行停止控制

F4－11＝2；端子命令方式为三线式模式 1

F0－07＝00；主频率源有效

4. 三线式模式 2

三线式模式 2 时，DI3 仍然是使能端子，运行命令由 DI1 给出，运行方向由 DI2 的状态来决定。三线式模式 2 功能码设置范围见表 12－8。

表 12－8　三线式模式 2 功能码设置范围

功能码	端子名称	设定值	功能描述
F4－11	端子命令方式	2	三线式 2
F4－00	DI1 端子功能选择	1	运行命令
F4－01	DI2 端子功能选择	2	运行方向
F4－02	DI3 端子功能选择	3	三线式运行控制

三线式模式 2 接线图如图 12－3(a)所示；三线式模式 2 运行状态图如图 12－3(b)所示。

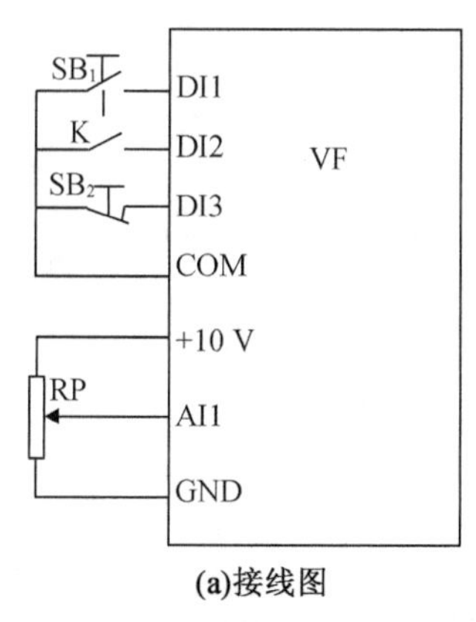

(a)接线图

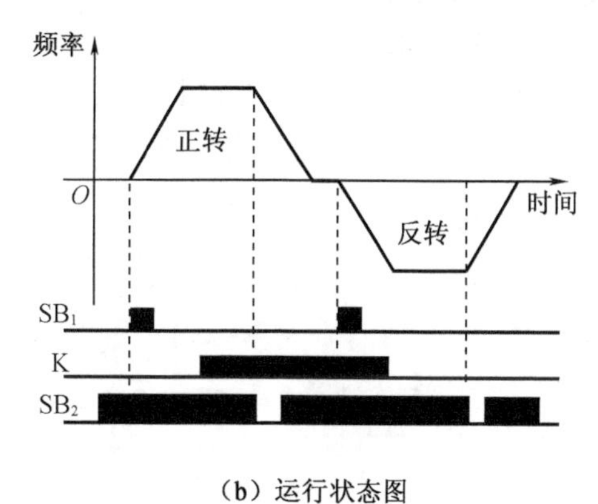

(b) 运行状态图

图 12－3　三线式模式 2

三线式模式 2 运行状态如图 12－3(b)所示，在 SB_3 按钮常闭状态下，按下按钮 SB_1 变频器运行；变频器的正反转由开关 K 的状态决定，K 断开状态时变频器正转，K 闭合状态时变频器反转；按下按钮 SB_2 变频器瞬间停机。正常启动和运行过程中，按钮 SB_2 必须保持闭合状态，按钮 SB_1 的命令则在闭合命令的前沿即刻生效；变频器启动运行后，开关 K 的断开或闭合并不会改变变频器的运行状态，只有当变频器停机再启动时，开关 K 的状态才能影响变频器的状态。

参数设置：

F0 – 01 = 2；V/F 控制

F0 – 02 = 1；端子启停

F0 – 03 = 2；AI1 模拟量给定

F4 – 00 = 1；DI1 端子启动信号

F4 – 01 = 2；DI2 运行方向选择

F4 – 02 = 3；DI3 三线式运行停止控制

F4 – 11 = 3；端子命令方式为三线式模式 2

F0 – 07 = 00；主频率源有效

【实训实施】

1. 根据电路原理图接线，要求如下：

(1) 变频器与电动机接线；

(2) 变频器端子接线，注意区分开关端子和按键端子的不同；

(3) 指示灯和蜂鸣器接线。

2. 根据实训内容编写程序，并会运用 QUICK 键检查程序的正确性。

(1) 分别编写两线式模式 1 和两线式模式 2 的程序，上机运行时，体会端子功能的差异；

(2) 分别编写三线式模式 1 和三线式模式 2 的程序，上机运行时，体会端子功能的差异。

3. 教师检查指导：

(1) 观察各学生接线是否正确；

(2) 检测学生编写的程序；

(3) 及时处理课堂上发生的各种情况。

实训报告(十二)

课题名称:

工作台号:

合 作 人:

撰写实训报告说明

1. 字迹工整,内容真实。

2. 实训目的、电路、器材和步骤等内容通过预习在课前完成。

3. 实训过程中的内容在课内完成,杜绝后补实验数据现象。

4. 体会和建议在课后完成,要求客观、真实、全面。

5. 教师评价要客观公正,具有指导性和鼓励性的作用。

实训目的（根据实训题目预习本次实训课程的目的）：
实训器材（根据实训电路预先选择实训器材，包括元器件、工具和消耗材料等）：
实训电路（根据实训题目预先画出电路图）：
实训步骤（根据实训课题预先设计实训步骤，编写实训程序等）：

实训过程(记录实训过程中遇到的问题和解决问题的方法,记录测试数据和结论,记录通电验证结果等):
体会和建议(实训结束后完成此项内容):
教师评价:

实训课题十三　V/F 曲线设定与变频器载波频率

【实训目的】

1. 了解 V/F 曲线设定功能码参数及应用；
2. 掌握 V/F 分离的电压源设定和加减速时间的设定；
3. 了解载波频率对变频器和电动机性能的影响。

【实训仪器】

1. MD380 变频器；
2. 异步电动机；
3. 数字万用表；
4. 电工工具(1 套)；
5. 连接导线若干。

【实训内容】

1. V/F 曲线

V/F 曲线设定只有在 V/F 控制方式下有效,在矢量控制方式下无效。V/F 控制方式适合于风机、水泵等通用性负载,或一台变频器带多台电动机,或变频器功率与电动机功率差异较大的应用场合。

电动机的电磁转矩公式为

$$T_{M} = K_{T}\varphi_{1}I_{2}\cos\varphi_{2}$$

从上式可以看出,当 $\varphi_1 \propto V/F = K$ 时,可保证 T_M 恒定,从而可避免电动机铁芯磁饱和,所以 V/F 曲线设定在 V/F 控制方式下的意义是非常重大的。

(1)V/F 曲线设置范围见表 13－1。

表 13－1　V/F 曲线设置范围

F3－00	V/F 曲线设置		出厂值	0
	设置范围	0	直线 V/F	
		1	多点 V/F	
		2	平方 V/F	
		3	1.2 次方 V/F	
		4	1.4 次方 V/F	
		6	1.6 次方 V/F	
		8	1.8 次方 V/F	

表 13-1(续)

F3-00	V/F 曲线设置		出厂值	0
	设置范围	9	保留	
		10	V/F 完全分离模式	
		11	V/F 半分离模式	

F3-00=0:直线 V/F,适合于普通恒转矩负载。

F3-00=1:多点 V/F,适合于脱水机、离心机等特殊负载。此时可以通过设置 F3-03~F3-08 参数,获得任意的 V/F 关系曲线。

F3-00=2:平方 V/F,适合于风机、水泵等离心负载。

F3-00=3~8:介于直线 V/F 与平方 V/F 之间的 V/F 关系曲线。

F3-00=10:V/F 完全分离模式。此时变频器的输出频率与输出电压相互独立,输出频率由频率源确定,而输出电压由 F3-13(分离电压源)确定。V/F 完全分离模式,一般应用在感应加热、逆变电源、力矩电动机控制等场合。

F3-00=11:V/F 半分离模式。这种情况下 V 和 F 是成比例的,其比例关系可以通过电压源 F3-13 设置,且 V 与 F 的关系也与 F1 组的电动机额定频率有关。

假设电压源输入为 X(X 为 0.0%~100% 的值),则变频器输出电压 V 与频率 F 之间的关系为:$V/F=2\times X\times$(电动机额定电压)/(电动机额定频率)。

(2)转矩提升(电压提升)。

电动机在低频启动或低频运行时,其启动转矩或电磁转矩比较小,从而导致电动机启动或运行困难。这时可适当提升一些电动机的定子电压,对转矩做出适当的补偿,以解决转矩下降的问题。需要指出的是,这种补偿(提升)一定要在适当的范围内进行,切不可过小,也不可过大。补偿幅度小,起不到应有的作用,无法使电动机进入正常运行状态;补偿幅度大,电动机容易进入到磁饱和状态,使得变频器因过流而跳闸或是烧毁电动机。

转矩提升参数的设置范围见表 13-2。

表 13-2　转矩提升参数的设置范围

F3-01	转矩提升	出厂值	机型确定
	设置范围	0.0%~30.0%	
F3-02	转矩提升截止频率	出厂值	50 Hz
	设置范围	0.00 Hz~最大输出频率	

当转矩提升设置为 0.0% 时,变频器为自动转矩提升,此时变频器根据电动机定子电阻等参数自动计算需要的转矩提升值。

转矩提升截止频率:在此频率之下,转矩提升有效,超过此设定频率,转矩提升失效。

手动转矩提升示意图如图 13-1 所示。

(3)多点 V/F 曲线设定。

V/F 曲线变化时,电动机的输出转矩随之变化,采用多点 V/F 控制,可以实现根据电动机负载特性调整其压频比,避免低频时因电压过高而引起的电动机的磁饱和。

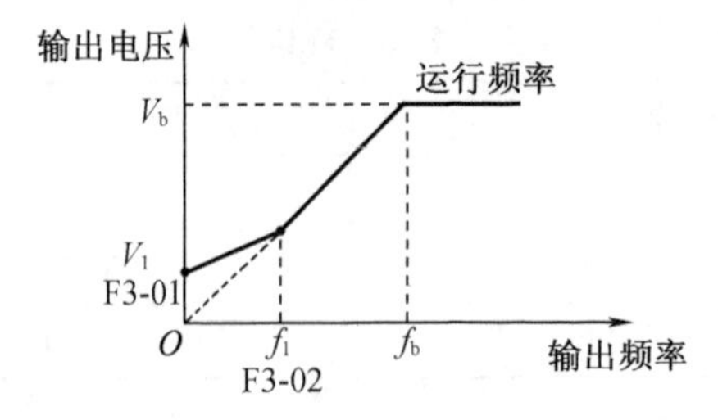

V_b—电动机额定电压,通常为 380 V;f_b—电动机额定功率,通常为 50 Hz;

V_1—提升电压,由 F3－01 确定;f_1—提升截止频率,由 F3－02 确定。

图 13－1　手动转矩提升示意图

多点 V/F 曲线参数设置范围见表 13－3。

表 13－3　多点 V/F 曲线参数设置范围

F3－03	多点 V/F 频率点 f_1	出厂值	0.00 Hz
	设置范围	0.00 Hz～F3－05	
F3－04	多点 V/F 电压点 V_1	出厂值	0.0%
	设置范围	0.0%～100.0%	
F3－05	多点 V/F 频率点 f_2	出厂值	0.00 Hz
	设置范围	F3－03～F3－07	
F3－06	多点 V/F 电压点 V_2	出厂值	0.0%
	设置范围	0.0%～100.0%	
F3－07	多点 V/F 频率点 f_3	出厂值	0.00 Hz
	设置范围	F3－05～电动机额定频率(F1－04)	
F3－08	多点 V/F 电压点 V_3	出厂值	0.0%
	设置范围	0.0%～100.0%	

多点 V/F 的曲线要根据电动机的负载特性来设定,需要注意的是,三个电压点和频率点的关系必须满足:$V_1 < V_2 < V_3$,$f_1 < f_2 < f_3$。多点 V/F 的曲线的设定示意图如图 13－2 所示。

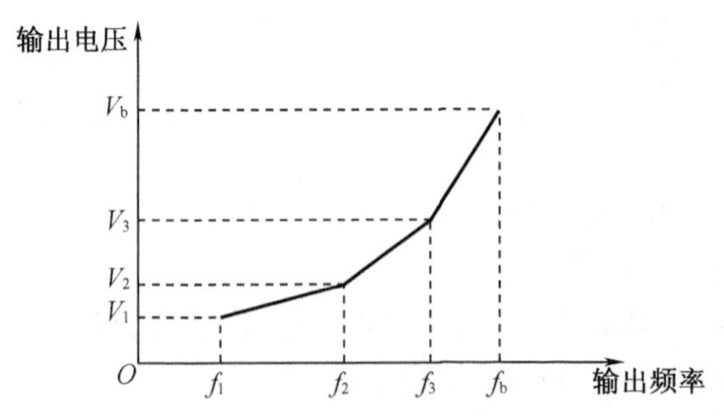

V_b—电动机额定电压,由 F1－02 设定;f_b—电动机额定频率,由 F1－04 设定;第一点(V_1、f_1)—由(F3－03、F3－04)设定;

第二点(V_2、f_2)—由(F3－05、F3－06)设定;第三点(V_3、f_3)—由(F3－07、F3－08)设定。

图 13－2　多点 V/F 的曲线的设定示意图

低频时电压设定不能太高，如果设定太高可能会造成电动机过热甚至烧毁，变频器可能会过流失速或过流保护。

(4)低转矩负载的启动。

水泵或风机类的负载都是低转矩负载，这类负载的特点是 $T \propto n^2$。所以水泵或风机负载也叫二次方负载(或平方负载)，参数设置为 F3 -00 =2。

对于平方负载，如果仍然按 V/F 直线形启动也是没有问题的，只是会造成电能的浪费。

平方负载的 V/F 曲线如图 13 -3 所示。

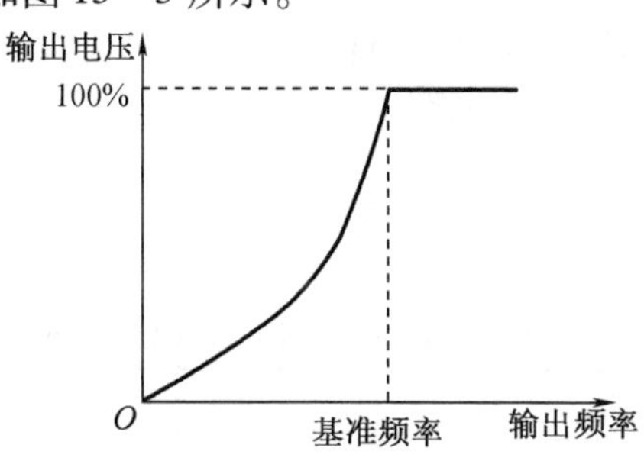

图 13 -3　平方负载的 V/F 曲线

2. V/F 转差增益

(1)V/F 转差补偿增益。

该参数只对异步电动机有效。V/F 转差补偿，可以补偿异步电动机在负载增加时产生的电动机转速偏差，使负载变化时电动机的转速能够基本保持稳定。V/F 转差补偿增益的设置范围见表 13 -4。

表 13 -4　V/F 转差补偿增益的设置范围

F3 -09	V/F 转差补偿增益	出厂值	0.0%
	设置范围	0.0% ~200.0%	

V/F 转差补偿增益设置为 100.0%，表示在电动机额定负载时补偿的转差为电动机额定滑差，而电动机的额定转差，由变频器通过 F1 组电动机额定频率与额定转速自行计算获得。调整 V/F 转差补偿增益时，一般以当额定负载下，电动机转速与目标转速基本相同为原则。当转速与目标值不同时，需要适当微调该增益。

(2)V/F 过励磁增益

在变频器减速过程中，过励磁控制可以抑制母线电压上升，避免出现过电压故障。过励磁增益越大，抑制效果越强。

对变频器减速过程容易过压报警的场合，需要提高过励磁增益。但过励磁增益过大，容易导致输出电流增大，需要在应用中权衡。

对惯量很小的场合，电动机减速过程中不会出现电压上升，则建议设置过励磁增益为 0；对有制动电阻的场合，也建议过励磁增益设置为 0。

V/F 过励磁增益的设置范围见表 13 -5。

表 13－5　V/F 过励磁增益的设置范围

<table>
<tr><td rowspan="2">F3－10</td><td>V/F 过励磁增益</td><td>出厂值</td><td>64</td></tr>
<tr><td>设置范围</td><td colspan="2">0～200</td></tr>
</table>

(3)V/F 振荡抑制增益。

该增益的选择方法是在有效抑制振荡的前提下尽量取小,以免对 V/F 运行产生不利的影响。在电动机无振荡现象时请选择该增益为 0。只有在电动机明显振荡时,才需要适当增加该增益,增益越大,则对振荡的抑制越明显。

使用抑制振荡功能时,要求电动机额定电流及空载电流参数要准确,否则 V/F 振荡抑制效果不好。

V/F 振荡抑制增益的设置范围见表 13－6。

表 13－6　V/F 振荡抑制增益的设置范围

<table>
<tr><td rowspan="2">F3－11</td><td>V/F 振荡抑制增益</td><td>出厂值</td><td>机型确定</td></tr>
<tr><td>设置范围</td><td colspan="2">0～100</td></tr>
</table>

3. V/F 分离

(1)V/F 分离的电压源。

V/F 分离一般应用在感应加热、逆变电源及力矩电动机控制场合。V/F 分离的相关参数设置范围见表 13－7。

在选择 V/F 分离控制时,输出电压可以通过功能码 F3－14 设定,也可以来自模拟量、多段速指令、PLC、PID 或通信给定。当用非数字设定时,各设定的 100% 对应电动机额定电压,当模拟量等输出设定的百分比为负数时,则以设定的绝对值作为有效设定值。

V/F 分离电压源选择与频率源选择使用方式类似,参见 F0－03 主频率源选择介绍。其中,各类选择对应设定的 100.0% 是指电动机额定电压(取对应设定值的绝对值)。

表 13－7　V/F 分离的相关参数设置范围

<table>
<tr><td rowspan="12">F3－13</td><td colspan="2">V/F 分离的电压源</td><td>出厂值</td><td>0</td></tr>
<tr><td rowspan="11">设置范围</td><td>0</td><td colspan="2">数字给定(F3－14)</td></tr>
<tr><td>1</td><td colspan="2">AI1</td></tr>
<tr><td>2</td><td colspan="2">AI2</td></tr>
<tr><td>3</td><td colspan="2">AI3</td></tr>
<tr><td>4</td><td colspan="2">PULSE 脉冲(DI5)</td></tr>
<tr><td>5</td><td colspan="2">多段速指令</td></tr>
<tr><td>6</td><td colspan="2">简易 PLC</td></tr>
<tr><td>7</td><td colspan="2">PID</td></tr>
<tr><td>8</td><td colspan="2">通信给定</td></tr>
<tr><td colspan="3">100.0% 对应电动机额定电压(F1－02、A2－02)</td></tr>
<tr><td colspan="3">0 V～电动机额定电压</td></tr>
</table>

F3 - 13 = 0:数字设定,电压由 F3 - 14 设定。

F3 - 13 = 1(2,3):电压分别由模拟量输入端子 AI1(AI2、AI3)设定。

F3 - 13 = 4:PULSE 脉冲(DI5)给定电压设定,脉冲信号规格要求电压范围为 9 ~ 30 V、频率范围 0 ~ 100 kHz。

F3 - 13 = 5:多段速指令设定,电压源为多段速指令时,要设置 F4 组和 FC 组参数,来确定给定信号和给定电压的对应关系。FC 组参数多段速指令给定的 100.0% 是指相对电动机额定电压的百分比。

F3 - 13 = 6:简易 PLC 设定,电压源为 PLC 时,需要设置 FC 组参数来确定给定输出电压。

F3 - 13 = 7:PID 设定,根据 PID 闭环产生输出电压,具体内容参见 PID 介绍。

F3 - 13 = 8:通信设定,指电压由上位机通信方式给定。

(2)V/F 分离的电压加减速时间。

V/F 分离的电压加速时间指输出电压从 0 加速到电动机额定电压所需要的时间。

V/F 分离的电压减速时间指输出电压从电动机额定电压减速到 0 所需要的时间。

V/F 分离的电压加减速时间设置范围见表 13 - 8。

表 13 - 8 V/F 分离的电压加减速时间设置范围

F3 - 15	V/F 分离的电压加速时间	出厂值	0.0 s
	设置范围	0.0 ~ 1 000.0 s	
F3 - 16	V/F 分离的电压减速时间	出厂值	0.0 s
	设置范围	0.0 ~ 1 000.0 s	

V/F 分离的电压加减速时间示意图如图 13 - 4 所示。

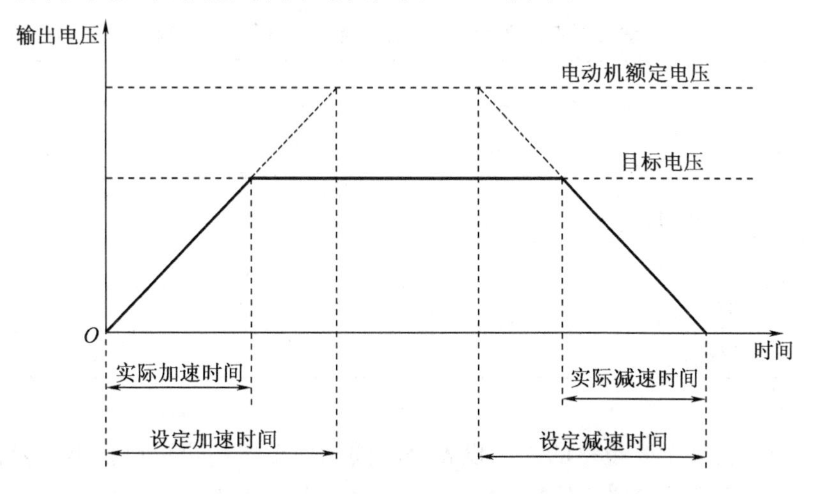

图 13 - 4 V/F 分离的电压加减速时间示意图

4. 变频器载波频率

变频器载波频率就是决定逆变器的功率开关器件(如 IGBT)的开通与关断的次数的频率。它主要影响以下几方面:

(1)功率模块IGBT的功率损耗与载波频率有关,载波频率提高,功率损耗增大,功率模块发热增加,对变频器不利。

(2)载波频率对变频器输出二次电流的波形影响:当载波频率高时,电流波形正弦性好,而且平滑。这样谐波就小,干扰就小,反之就差。当载波频率过低时,电动机有效转矩减小,损耗加大,温度增高,反之载波频率过高时,变频器自身损耗加大,IGBT温度上升,同时输出电压的变化率增大,对电动机绝缘影响较大。

(3)载波频率对电动机的噪音的影响:载波频率越高电动机的噪音相对越小。

(4)载波频率与电动机的发热:载波频率高电动机的发热也相对较小。

在实际使用中要综合以上各点,合理选择变频器的载波频率。一般电动机功率越大,载波频率选得越小。

变频器载波频率的设置范围见表13-9。

表13-9 变频器载波频率的设置范围

F0-15	载波频率	出厂值	与机型有关
	设置范围	0.5~16 kHz	

功能参数F0-15调节变频器载波频率。通过调整载波频率可以降低电动机噪声,避开机械系统的共振点,减小线路对地漏电流及减小变频器产生的干扰。

当载波频率较低时,输出电流高次谐波分量增加,电动机损耗增加,电动机温升增加。

当载波频率较高时,电动机损耗降低,电动机温升减小,但变频器损耗增加,变频器温升增加,干扰增加。

调整载波频率会对变频器和电动机性能产生的影响见表13-10。

表13-10 调整载波频率会对变频器和电动机性能产生的影响

载波频率	低 → 高
电动机噪音	大 → 小
输出电流波形	差 → 好
电动机温升	高 → 低
变频器温升	低 → 高
漏电流	小 → 大
对外辐射干扰	小 → 大

不同功率的变频器,载波频率的出厂设置是不同的。虽然用户可以根据需要修改,但须注意:若载波频率设置的比出厂值高,会导致变频器散热器温升提高,此时用户需要对变频器降额使用,否则变频器有过热报警的危险。

载波频率随温度调整范围见表13-11。

表 13－11　载波频率随温度调整范围

<table>
<tr><td rowspan="3">F0－16</td><td colspan="2">载波频率随温度调整</td><td>出厂值</td><td>1</td></tr>
<tr><td rowspan="2">设置范围</td><td>0</td><td colspan="2">不随温度调整</td></tr>
<tr><td>1</td><td colspan="2">随温度调整</td></tr>
</table>

载波频率随温度调整,是指变频器检测到自身散热器温度较高时,自动降低载波频率,以便降低变频器温升。当散热器温度较低时,载波频率逐步恢复到设定值。该功能可以减小变频器过热报警的机会。

【实训实施】

1. 根据电路原理图接线,要求如下:

(1)变频器与电动机接线;

(2)变频器端子接线,注意区分开关端子和按键端子的不同;

(3)指示灯和蜂鸣器接线。

2. 根据实训内容编写程序,并会运用 QUICK 键检查程序的正确性。

(1)练习 V/F 曲线设定;

(2)编写程序,上机运行转矩提升的方法;

(3)V/F 转差增益与 V/F 分离;

(4)设置载波频率,上机运行对变频器和电动机性能的影响。

3. 教师检查指导:

(1)观察各学生接线是否正确;

(2)检测学生编写的程序;

(3)及时处理课堂上发生的各种情况。

实训报告(十三)

课题名称:

工作台号:

合 作 人:

撰写实训报告说明

1. 字迹工整,内容真实。

2. 实训目的、电路、器材和步骤等内容通过预习在课前完成。

3. 实训过程中的内容在课内完成,杜绝后补实验数据现象。

4. 体会和建议在课后完成,要求客观、真实、全面。

5. 教师评价要客观公正,具有指导性和鼓励性的作用。

实训目的(根据实训题目预习本次实训课程的目的):
实训器材(根据实训电路预先选择实训器材,包括元器件、工具和消耗材料等):
实训电路(根据实训题目预先画出电路图):
实训步骤(根据实训课题预先设计实训步骤,编写实训程序等):

实训过程(记录实训过程中遇到的问题和解决问题的方法,记录测试数据和结论,记录通电验证结果等):
体会和建议(实训结束后完成此项内容):
教师评价:

实训课题十四　端子启停时的主、辅助频率源叠加和频率源切换

【实训目的】

1. 掌握主、辅助频率源叠加的设置和操作过程；
2. 掌握频率源切换的设置和操作过程；
3. 了解辅助频率源偏置频率。

【实训仪器】

1. MD380 变频器；
2. 异步电动机；
3. 数字万用表；
4. 电工工具(1 套)；
5. 连接导线若干。

【实训内容】

1. 频率叠加

MD380 变频器中的频率源有主频率源和辅助频率源的区别，主频率源用 X 表示，辅助频率源用 Y 表示。变频器的输出频率是 X 或 Y，由功能码 F0－07 决定。

比较常见的频率源设置方式有以下三种：

F0－07＝00；主频率源有效

F0－07＝01；主频率源＋辅助频率源

F0－07＝11；主频率源－辅助频率源

频率叠加选择参数 F0－07 的设置范围见表 14－1。

表 14－1　频率叠加选择参数 F0－07 的设置范围

F0－07	频率源叠加选择		出厂值	0
	设置范围	个位	频率源选择	
		0	主频率源(X)	
		1	主辅运算结果(运算关系由十位确定)	
		2	主频率源(X)与辅助频率源(Y)切换	
		3	主频率源(X)与辅助频率源(Y)运算结果切换	
		4	辅助频率源(Y)与主频率源(X)运算结果切换	

表 14－1(续)

F0－07	频率源叠加选择		出厂值	0
	设置范围	十位	频率源主辅运算关系	
		0	主＋辅	
		1	主－辅	
		2	二者最大值	
		3	二者最小值	

频率源选择与转换示意图如图 14－1 所示。

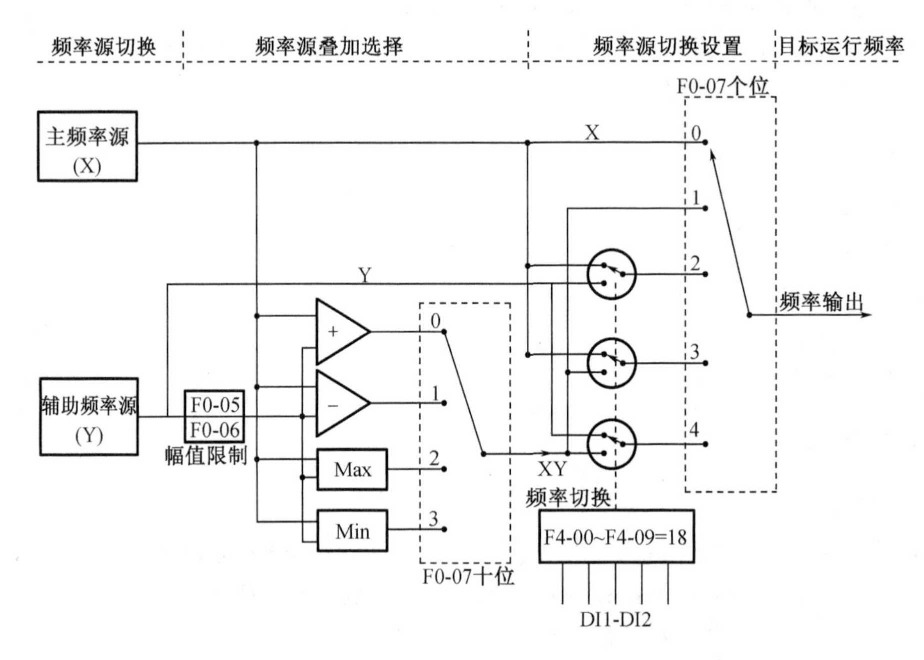

图 14－1　频率源选择与转换示意图

(1)频率源叠加接线图如图 14－2 所示。

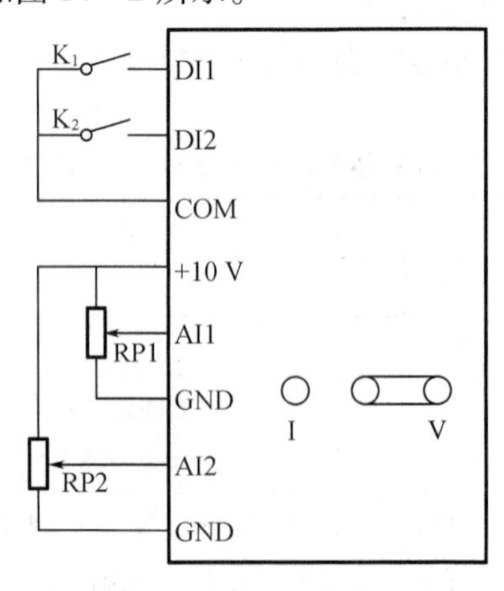

图 14－2　频率源叠加接线图

(2)参数设置:

F0 - 01 = 2;V/F 控制

F0 - 02 = 1;端子启停

F4 - 00 = 1;DI1 正转

F4 - 01 = 2;DI2 反转

F0 - 03 = 2;AI1 端口主频率给定

F0 - 04 = 2;AI2 端口辅助频率给定

F0 - 05 = 0;辅助频率相对最大频率给定

F0 - 06 = 100;辅助频率 100% 加入

F0 - 07 = 01;主频率 + 辅助频率(X + Y)

F0 - 10 = 50;最大频率 50 Hz

重新设置 F0 - 07 = 11,此时的叠加关系转变为“主 - 辅”,且有以下关系:

X - Y > 0 时,电动机正转;

X - Y < 0 时,电动机反转;

X - Y = 0 时,电动机停转。

2. 频率源切换

频率源切换接线示意图如图 14 - 3 所示。

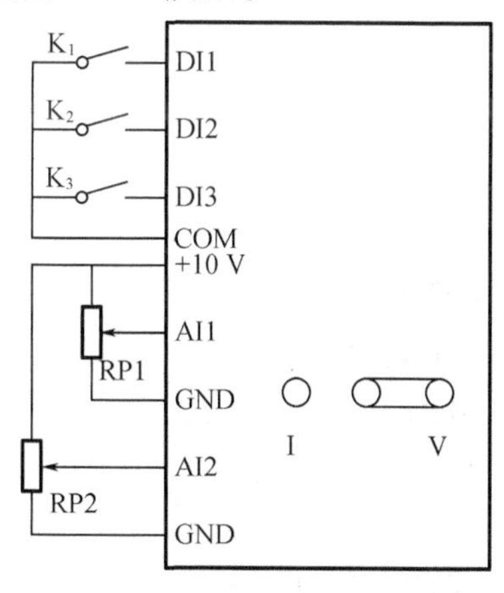

图 14 - 3　频率源切换接线示意图

在图 14 - 3 中,K_3 闭合辅助频率源有效;K_3 断开主频率源有效。

(1)主频率源与辅助频率源切换参数设置:

F0 - 01 = 2;V/F 控制

F0 - 02 = 1;端子启停

F4 - 00 = 1;DI1 端子正转

F4 - 01 = 2;DI2 端子反转

F0 - 03 = 2;主频率源 AI1 模拟量给定

F0 - 04 = 3;辅助频率源 AI2 模拟量给定

F0 - 05 = 0;辅助频率源相对于最大频率

F0 - 06 = 100;辅助频率源 100% 加入

F0 - 10 = 50;最大频率 50 Hz

F4 - 02 = 18;频率源切换

F0 - 07 = 02;主频率源与辅助频率源切换

(2)主频率源与预置频率源切换参数设置:

F0 - 01 = 2;V/F 控制

F0 - 02 = 1;端子启停

F4 - 00 = 1;DI1 端子正转

F4 - 01 = 2;DI2 端子反转

F0 - 03 = 2;主频率源 AI1 模拟量给定

F0 - 04 = 3;辅助频率源 AI2 模拟量给定

F0 - 05 = 0;辅助频率源相对于最大频率

F0 - 06 = 100;辅助频率源 100% 加入

F0 - 10 = 50;最大频率 50 Hz

F0 - 08 = 45;预置频率 45 Hz

F4 - 02 = 39;主频率源与预置频率源切换

F0 - 07 = 03;主频率源与主辅运算结果切换

(3)辅助频率源与主辅频率运算结果切换参数设置:

F0 - 01 = 2;V/F 控制

F0 - 02 = 1;端子启停

F4 - 00 = 1;DI1 端子正转

F4 - 01 = 2;DI2 端子反转

F0 - 03 = 2;主频率源 AI1 模拟量给定

F0 - 04 = 3;辅助频率源 AI2 模拟量给定

F0 - 05 = 0;辅助频率源相对于最大频率

F0 - 06 = 100;辅助频率源 100% 加入

F0 - 10 = 50;最大频率 50 Hz

F4 - 02 = 18;频率源切换

F0 - 07 = 02;主频率源与辅助频率源切换

3.叠加时辅助频率源偏置频率

该参数是辅助频率源的偏置频率,只有在选择主辅频率源运算时有效,变频器的最终频率设定值应该为主辅运算的结果与偏置频率的和。叠加时辅助频率源偏置频率 F0 - 21 的设置范围见表 14 - 2。

最终频率设定值 = 主辅运算的结果 + 偏置频率(F0 - 21)

如果设置的是主频率源有效(F0 - 07 = 00),则辅助频率源和偏置频率源的设置均无效。

表 14 - 2 叠加时辅助频率源偏置频率 F0 - 21 设置范围

F0 - 21	叠加时辅助频率源偏置频率	出厂值	0.00 Hz
	设置范围	0.00 Hz ~ F0 - 10	

辅助频率 AI1 给定的接线图如图 14 - 4 所示。

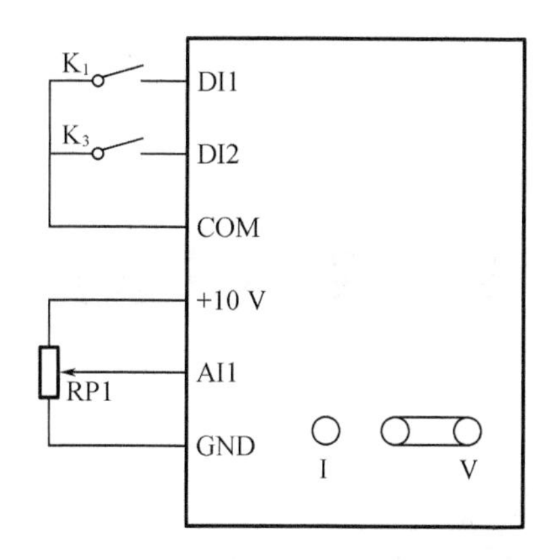

图 14－4　辅助频率 AI1 给定的接线图

参数设置：

F0－01＝2；V/F 控制

F0－02＝1；端子启停

F0－03＝0；主频率源数字量给定

F0－04＝2；辅助频率源 AI1 模拟量给定

F0－07＝01；频率源为主＋辅

F0－08＝30；预置频率 30 Hz

F0－05＝0；辅助频率源相对于最大频率

F0－06＝100；辅助频率源 100% 加入

F0－10＝50；最大频率 50 Hz

F4－00＝1；DI1 端子正转

F4－01＝2；DI2 端子反转

F4－21＝10；叠加时辅助频率源偏置频率 10 Hz

【实训实施】

1. 根据电路原理图接线，要求如下：

(1)变频器与电动机接线；

(2)变频器端子接线，注意区分开关端子和按键端子的不同；

(3)指示灯和蜂鸣器接线。

2. 根据实训内容编写程序，并会运用 QUICK 键检查程序的正确性。

(1)设置 F0－07 的参数，更改频率源设置方式；

(2)编写程序，实现主频率源与辅助频率源切换并上机运行；

(3)编写程序，实现主频率源与预置频率源切换并上机运行；

(4)编写程序，实现辅助频率源与预置频率源切换并上机运行；

(5)编写程序，实现叠加时辅助频率源偏置频率并上机运行。

3. 教师检查指导：

(1)观察各学生接线是否正确；

(2)检测学生编写的程序；

(3)及时处理课堂上发生的各种情况。

实训报告(十四)

课题名称:

工作台号:

合 作 人:

撰写实训报告说明

1. 字迹工整,内容真实。

2. 实训目的、电路、器材和步骤等内容通过预习在课前完成。

3. 实训过程中的内容在课内完成,杜绝后补实验数据现象。

4. 体会和建议在课后完成,要求客观、真实、全面。

5. 教师评价要客观公正,具有指导性和鼓励性的作用。

实训目的(根据实训题目预习本次实训课程的目的):
实训器材(根据实训电路预先选择实训器材,包括元器件、工具和消耗材料等):
实训电路(根据实训题目预先画出电路图):
实训步骤(根据实训课题预先设计实训步骤,编写实训程序等):

实训过程(记录实训过程中遇到的问题和解决问题的方法,记录测试数据和结论,记录通电验证结果等):
体会和建议(实训结束后完成此项内容):
教师评价:

实训课题十五　变频器控制电动机的点动运行

【实训目的】

1. 掌握面板控制电动机点动的参数设置和操作过程；
2. 掌握端子控制电动机点动的参数设置和操作过程。

【实训仪器】

1. MD380 变频器；
2. 异步电动机；
3. 数字万用表；
4. 电工工具(1 套)；
5. 连接导线若干。

【实训原理】

1. 点动的定义和应用场合

变频器控制电动机的点动运行，也叫作寸动。

电动机的点动运行主要用于变频器控制电动机的短暂低速运行，便于对设备的测试和调试。

2. 点动常用参数及注意事项。

点动常用参数的设置范围见表 15－1。

表 15－1　点动常用参数的设置范围

<table>
<tr><td rowspan="2">F8－00</td><td>点动频率</td><td>出厂值</td><td>2.00 Hz</td></tr>
<tr><td>设置范围</td><td colspan="2">0.00 Hz～最大频率</td></tr>
<tr><td rowspan="2">F8－01</td><td>点动加速时间</td><td>出厂值</td><td>20.0 s</td></tr>
<tr><td>设置范围</td><td colspan="2">0.0～6 500.0 s</td></tr>
<tr><td rowspan="2">F8－02</td><td>点动减速时间</td><td>出厂值</td><td>20.0 s</td></tr>
<tr><td>设置范围</td><td colspan="2">0.0～6 500.0 s</td></tr>
</table>

实际工作中应该注意的两个问题：

(1)点动频率的实际设置值不能太高，一般不高于 10 Hz。

(2)加减速时间的对应频率是 F0－25(加减速时间基准频率)的设定值，由于点动频率的设置低于 F0－25 的设定值，所以实际的加减速时间低于设定值。

点动加减速时间如图 15－1 所示。

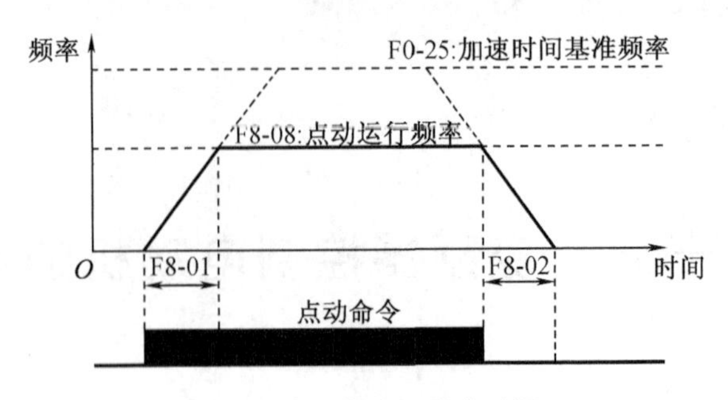

图 15 - 1　点动加减速时间

【实训内容】

1. 操作面板上的点动控制

MD380 变频器操作面板上的点动控制由面板上的多功能选择键 MF. K 键完成，MF. K 键的参数设置范围见表 15 - 1。

表 15 - 1　MF. K 键的参数设置范围

<table>
<tr><td rowspan="6">F7 - 01</td><td colspan="2">MF. K 键功能说明</td><td>出厂值</td><td>0</td></tr>
<tr><td rowspan="5">设置范围</td><td>0</td><td colspan="2">MF. K 键无效</td></tr>
<tr><td>1</td><td colspan="2">面板操作与其他操作切换</td></tr>
<tr><td>2</td><td colspan="2">正、反转切换</td></tr>
<tr><td>3</td><td colspan="2">正转点动</td></tr>
<tr><td>4</td><td colspan="2">反转点动</td></tr>
</table>

实际工作中应该注意的两个问题：

F7 - 01 = 1：当前命令源与键盘操作控制启停的切换，若当前命令源为键盘操作时，此键无效。

F7 - 01 = 2：正反转切换，只有在键盘操作启停时有效。

参数设置：

F0 - 01 = 2；V/F 控制

F0 - 02 = 0；面板启停

F8 - 00 = 10；点动频率 10 Hz

F8 - 01 = 12；点动加速时间 12 s

F8 - 02 = 15；点动减速时间 15 s

F0 - 25 = 0；基准频率对应最大频率（F0 - 10）

F0 - 10 = 50；最大频率 50 Hz

F8 - 13 = 0；允许反转

F7 - 01 = 3；MF. K 键正转点动

重新设置 F7 - 01 = 4，观察反转情况。

2. 端子操作上的点动控制

MD380 变频器的点动控制也可以由多功能端子上的操作完成。通过多功能输入端子实现点动控制的流程图如图 15－2 所示。

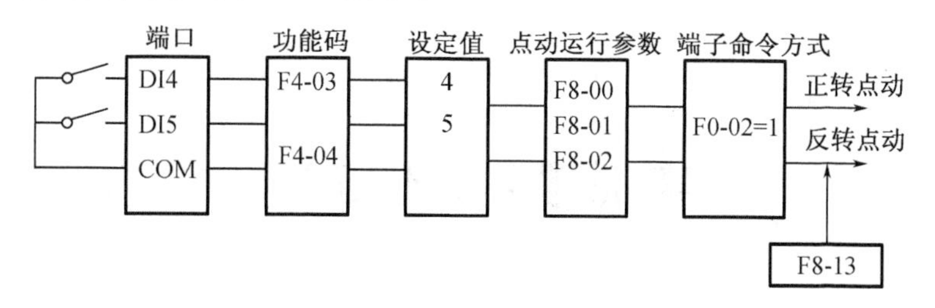

图 15－2　通过多功能输入端子实现点动控制的流程图

F8－13 为反转禁止功能参数,该参数的设置范围见表 15－2。

表 15－2　反转禁止功能参数的设置范围

<table>
<tr><td rowspan="3">F8－13</td><td colspan="2">反转控制禁止</td><td>出厂值</td><td>0</td></tr>
<tr><td rowspan="2">设置范围</td><td>0</td><td colspan="2">允许</td></tr>
<tr><td>1</td><td colspan="2">禁止</td></tr>
</table>

参数设置:

F0－01＝2;V/F 控制

F0－02＝1;端子启停

F8－00＝10;点动频率 10 Hz

F8－01＝12;点动加速时间 12 s

F8－02＝15;点动减速时间 15 s

F0－25＝0;基准频率对应最大频率(F0－10)

F0－10＝50;最大频率 50 Hz

F8－13＝0;允许反转

F4－03＝4;DI4 点动正转

F4－04＝5;DI5 点动反转

【实训实施】

1. 根据电路原理图接线,要求如下:

(1)变频器与电动机接线;

(2)变频器端子接线,注意区分开关端子和按键端子的不同;

(3)指示灯和蜂鸣器接线。

2. 根据实训内容编写程序,并会运用 QUICK 键检查程序的正确性。

(1)编写操作面板上的点动控制的程序并上机运行;

(2)编写端子的点动控制的程序并上机运行。

3. 教师检查指导:

(1)观察各学生接线是否正确;

(2)检测学生编写的程序;

(3)及时处理课堂上发生的各种情况。

实训报告(十五)

课题名称:

工作台号:

合 作 人:

撰写实训报告说明

1. 字迹工整,内容真实。

2. 实训目的、电路、器材和步骤等内容通过预习在课前完成。

3. 实训过程中的内容在课内完成,杜绝后补实验数据现象。

4. 体会和建议在课后完成,要求客观、真实、全面。

5. 教师评价要客观公正,具有指导性和鼓励性的作用。

实训目的（根据实训题目预习本次实训课程的目的）：
实训器材（根据实训电路预先选择实训器材，包括元器件、工具和消耗材料等）：
实训电路（根据实训题目预先画出电路图）：
实训步骤（根据实训课题预先设计实训步骤，编写实训程序等）：

实训过程(记录实训过程中遇到的问题和解决问题的方法,记录测试数据和结论,记录通电验证结果等):
体会和建议(实训结束后完成此项内容):
教师评价:

实训课题十六　变频器的启动运行和停机运行

【实训目的】

1. 掌握变频器的启动运行的参数设置和操作过程；
2. 掌握变频器的制动与停止运行的参数设置和操作过程。

【实训仪器】

1. MD380 变频器；
2. 异步电动机；
3. 数字万用表；
4. 电工工具(1 套)；
5. 连接导线若干。

【实训内容及步骤】

1. 变频器的启动

变频器的启动有三种模式，分别为直接启动、转速跟踪再启动和预励磁启动，通过功能参数 F6 - 00 选择。MD380 变频器启动模式设置范围见表 16 - 1。

表 16 - 1　MD380 变频器启动模式设置范围

<table>
<tr><td rowspan="4">F6 - 00</td><td colspan="2">启动模式</td><td>出厂值</td><td>0</td></tr>
<tr><td rowspan="3">设置范围</td><td>0</td><td colspan="2">直接启动</td></tr>
<tr><td>1</td><td colspan="2">转速跟踪再启动</td></tr>
<tr><td>2</td><td colspan="2">预励磁启动(交流异步电动机)</td></tr>
</table>

(1)直接启动。

直接启动时设置 F6 - 00 = 0。

若启动直流制动时间设置为 0，则变频器从启动频率开始运行。

若启动直流制动时间不为 0，则先直流制动，然后再从启动频率开始运行。

这种启动方式适合于小惯性负载，在启动时电动机可能有转动的场合。简单地说，直接启动就是从 0 Hz 或启动频率直接加速到设定频率，是一种比较常用的启动方式。

启动前的直流制动功能适用于电梯、起重型负载的驱动；启动频率适用于需要启动力矩冲击启动的设备驱动，如水泥搅拌机设备等。

为保证启动时的电动机转矩克服最大静摩擦产生的阻力矩，需要设置合适的启动频率；为使电动机启动时充分建立磁通，需要启动频率保持一定时间。直接启动（F6－00＝0）时的参数设置范围见表16－2。

表16－2　直接启动（F6－00＝0）时的参数设置范围

F6－03	启动频率	出厂值	0.00 Hz
	设置范围	0.00～10.00 Hz	
F6－04	启动时间	出厂值	0.0 s
	设置范围	0.0～100.0 s	

参数设置中应该注意的三个问题：

①启动频率（F6－03）不受下限频率（F0－14）限制，也就是说当F6－03的设定值小于F0－14的设定值时，变频器是可以启动的。但是设定的目的频率不能小于启动频率，否则变频器不启动，处于待机状态。

②正反转切换过程中，启动频率保持时间不起作用。

③启动频率保持时间不包含在加速时间内，但包含在PLC的运行时间里。

启动频率和启动时间均为0时的启动过程如图16－1（a）所示。

启动频率和启动时间不为0时的启动过程如图16－1（b）所示。

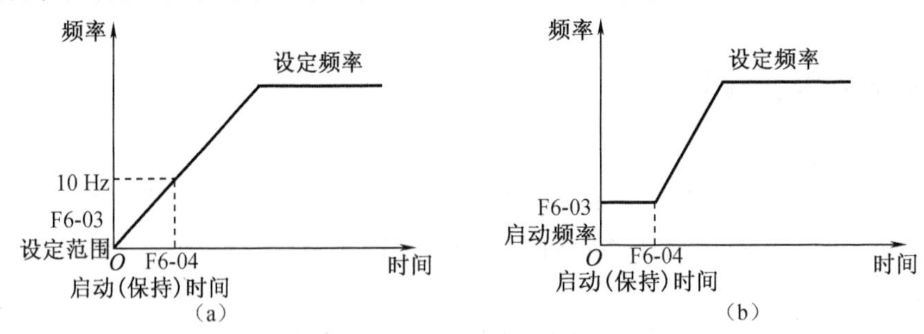

图16－1　启动频率和启动时间关系图

直接启动时的接线图如图16－2所示。

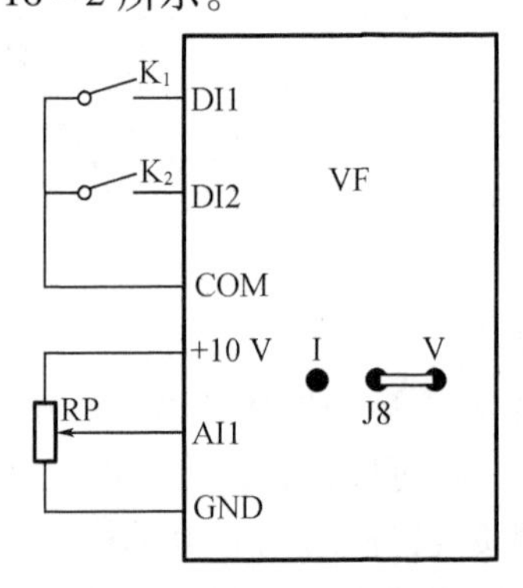

图16－2　直接启动时的接线图

F6－00＝0 时的参数设置:

F0－01＝2;V/F 控制

F0－02＝1;端子启停

F0－03＝2;AI1 输入主频率源

F0－07＝00;主频率源有效

F4－00＝1;DI1 正转

F4－01＝2;DI2 反转

F6－00＝0;直接启动

F6－03＝10;启动频率 10 Hz

F6－04＝10;启动频率保持 10 s

(2)转速跟踪再启动。

转速跟踪再启动时设置 F6－00＝1。

变频器先对电动机的转速和方向进行判断,再以跟踪到的电动机频率启动,对旋转中电动机实施平滑无冲击启动。这种启动方式适用于大惯性负载的瞬时停电再启动。为保证转速跟踪再启动的性能,需要准确设置电动机 F1 组参数。

简言之,若变频器启动运行时,负载电动机仍然在靠惯性运转,采取转速跟踪再启动,可以避免启动过流情况的发生。转速跟踪再启动参数的设置范围见表 16－3。

表 16－3　转速跟踪再启动参数的设置范围

<table>
<tr><td rowspan="4">F6－01</td><td colspan="2">转速跟踪方式</td><td>出厂值</td><td>0</td></tr>
<tr><td rowspan="3">设置范围</td><td>0</td><td colspan="2">从停机频率开始</td></tr>
<tr><td>1</td><td colspan="2">从零速开始</td></tr>
<tr><td>2</td><td colspan="2">从最大频率开始</td></tr>
<tr><td rowspan="2">F6－02</td><td colspan="2">转速跟踪快慢</td><td>出厂值</td><td>20</td></tr>
<tr><td colspan="2">设置范围</td><td colspan="2">1～100</td></tr>
</table>

为用最短时间完成转速跟踪过程,用 F6－01 选择变频器跟踪电动机转速方式:

F6－01＝0:从停电时的频率向下跟踪,通常用于瞬时停电,是一种比较常用的跟踪方式。

F6－01＝1:从 0 频率开始向上跟踪,在停电时间较长再启动的情况下使用。

F6－01＝2:从最大频率向下跟踪,一般发电负载使用。

转速跟踪再启动时,用 F6－02 选择跟踪快慢。参数越大,则跟踪速度越快。但设置过大可能引起跟踪效果不可靠,实际要根据工艺要求适当设置。

(3)预励磁启动。

预励磁启动时设置 F6－00＝2。

这种启动方式只适用于感应式异步电动机负载。启动前对电动机进行预励磁,可以提高异步电动机的快速响应特性,满足加速时间比较短的应用要求。预励磁启动参数的设置范围见表 16－4。

表16－4　预励磁启动参数的设置范围

F6－05	启动直流制动电流/预励磁电流	出厂值	0%
	设置范围	0%～100%	
F6－06	启动直流制动时间/预励磁时间	出厂值	0.0 s
	设置范围	0.0～100.0 s	

关于预励磁启动参数的说明：

①启动直流制动，一般用于运转的电动机停止后再启动。对于大惯量负载，停止之后再反转启动时，一定要先采用直流制动。启动直流制动只有在启动方式为直接启动时有效。此时变频器先按设定的启动直流制动电流进行直流制动，经过启动直流制动时间后再开始运行。若设定直流电流制动时间为0 s，则不经过直流制动直接启动。直流制动电流越大，制动力越大。

②预励磁用于先使异步电动机建立磁场后再启动，提高响应速度。若启动方式为异步电动机预励磁启动，则变频器先按设定的预励磁电流预先建立磁场，经过设定的预励磁时间后再开始运行。若预励磁时间设置为0 s，则变频器取消预励磁过程，从启动频率开始启动；若预励磁时间不为0 s，则先预励磁再启动，可以提高电动机动态响应性能。

③启动直流制动电流/预励磁电流的相对基值有两种情况：

当电动机额定电流小于或等于变频器额定电流的80%时，是相对电动机额定电流为百分比基值；当电动机额定电流大于变频器额定电流的80%时，是相对80%的变频器额定电流为百分比基值。

预励磁启动的参数设置：

F0－01＝2；V/F控制

F0－02＝1；端子启停

F0－03＝2；AI1输入主频率源

F0－07＝00；主频率源有效

F4－00＝1；DI1正转

F4－01＝2；DI2反转

F6－00＝0；预励磁启动

F6－05＝30；直流制动电流30%

F6－06＝5；直流制动时间5 s

重新设置F6－00＝2，观察启动时的现象。

2. 变频器的停机

变频器的停机模式有两种，分别为自由停机和减速停机，由功能码F6－10选择。变频器的停机模式参数的设置范围见表16－5。

表 16－5　变频器的停机模式参数的设置范围

F6－10	停机方式		出厂值	0
	设置范围	0	减速停机	
		1	自由停机	

F6－10＝0：减速停车。停车命令有效后，变频器按照减速时间降低输出频率，频率降为 0 Hz 后停车。

F6－10＝1：自由停车。停车命令有效后，变频器立即终止输出，此后电动机按照机械惯性自由停车。

减速停机过程中，当运行频率降低到停机直流制动频率时，开始直流制动过程；但是当运行频率降低到停机直流制动起始频率后，变频器先停止输出一段时间，然后再开始直流制动过程，用于防止在较高速度时开始直流制动可能引起的过流等故障。减速停机参数的设置范围见表 16－6。

表 16－6　减速停机参数的设置范围

F6－11	停机直流制动起始频率	出厂值	0.00 Hz
	设置范围	0.00 Hz～最大频率	
F6－12	停机直流制动等待时间	出厂值	0.0 s
	设置范围	0.0～36.0 s	
F6－13	停机直流制动电流	出厂值	0.0%
	设置范围	0%～100%	
F6－14	停机直流制动时间	出厂值	0.0 s
	设置范围	0.0～36.0 s	

减速停机参数之间的关系曲线如图 16－3 所示。

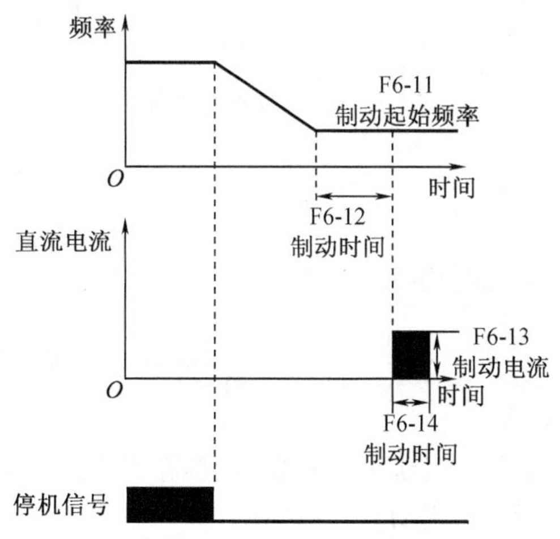

图 16－3　减速停机参数之间的关系曲线

参数设置：

F0 - 01 = 2；V/F 控制

F0 - 02 = 1；端子启停

F0 - 03 = 2；AI1 输入主频率源

F0 - 07 = 00；主频率源有效

F4 - 00 = 1；DI1 正转

F4 - 01 = 2；DI2 反转

F6 - 11 = 20；制动频率 20 Hz

F6 - 12 = 0；制动等待时间 0 s

F6 - 13 = 60；制动电流为电动机额定电流的 60%

F6 - 14 = 10；制动时间 10 s

F6 - 10 = 10；减速停机

从参数设置上看，制动等待时间为 0 s，所以当变频器接收停机信号后，即从设定的运行频率开始减小输出，当频率下降到 20 Hz 时，进入到制动状态，变频器输出迅速下降为 0 Hz，电动机停转。因为制动时间设置为 10 s，此时即使电动机已经停转，变频器的制动状态也不会立即解除，只有当制动时间达到 10 s 之时，制动状态才会解除。直流制动过程如图 16 - 4 所示。

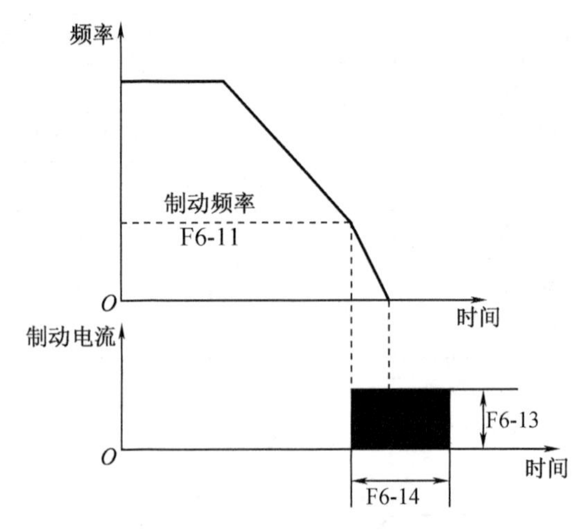

图 16 - 4　直流制动过程

【实训实施】

1. 根据电路原理图接线，要求如下：

(1) 变频器与电动机接线；

(2) 变频器端子接线，注意区分开关端子和按键端子的不同；

(3) 指示灯和蜂鸣器接线。

2. 根据实训内容编写程序，并会运用 QUICK 键检查程序的正确性。

(1) 编写程序，上机运行直接启动；

(2) 编写程序，上机运行转速跟踪再启动；

(3) 编写程序，上机运行预励磁启动；

（4）编写程序，上机运行自由停机；

（5）编写程序，上机运行减速停机。

3. 教师检查指导：

（1）观察各学生接线是否正确；

（2）检测学生编写的程序；

（3）及时处理课堂上发生的各种情况。

实训报告(十六)

课题名称:

工作台号:

合 作 人:

撰写实训报告说明

1. 字迹工整,内容真实。

2. 实训目的、电路、器材和步骤等内容通过预习在课前完成。

3. 实训过程中的内容在课内完成,杜绝后补实验数据现象。

4. 体会和建议在课后完成,要求客观、真实、全面。

5. 教师评价要客观公正,具有指导性和鼓励性的作用。

实训目的(根据实训题目预习本次实训课程的目的):
实训器材(根据实训电路预先选择实训器材,包括元器件、工具和消耗材料等):
实训电路(根据实训题目预先画出电路图):
实训步骤(根据实训课题预先设计实训步骤,编写实训程序等):

实训过程(记录实训过程中遇到的问题和解决问题的方法,记录测试数据和结论,记录通电验证结果等):
体会和建议(实训结束后完成此项内容):
教师评价:

实训课题十七　变频器的运行方向和各频率之间的关系

【实训目的】

1. 掌握变频器的运行方向的控制方式；
2. 掌握变频器的几种频率的设置及关系。

【实训仪器】

1. MD380 变频器；
2. 异步电动机；
3. 数字万用表；
4. 电工工具(1 套)；
5. 连接导线若干。

【实训内容】

1. 变频器的运行方向

传统的继电接触控制方式下，三相交流异步电动机的旋转方向是通过改变三相交流电的相序来实现的。使用变频器控制电动机运行时，可以不改变电动机的接线而实现改变电动机转向的目的，也就是进行相应的参数设置后，即相当于改变了三相电源的相序，达到改变电动机转向的目的。变频器运行方向选择参数设置范围见表 17－1。

表 17－1　变频器运行方向选择参数设置范围

F0－09	运行方向选择		出厂值	0
	设置范围	0	默认方向一致；FWD/REV 灯熄灭	
		1	默认方向相反；FWD/REV 灯常亮	

方向一致或相反是指与设置的旋转方向的一致或相反；改变 F0－09 参数的设置，等同于改变电动机三相电源的相序，所以电动机的旋转方向会做出相应的改变。

提示：恢复出厂值设置(FP－01＝1)后电动机会恢复到默认方向运行，所以对已经调试后严禁更改电动机转向的场合要慎用恢复出厂值参数。

2. 变频器各频率之间的关系

(1) 最大频率。

在 MD380 变频器中，模拟量输入、脉冲输入、多段速指令等作为频率源时设定的频率百分比都是以最大频率(F0－10)作为标准量的。最大频率的设置范围见表17－2。

表17－2　最大频率的设置范围

F0－10	最大频率	出厂值	50.00 Hz
	设置范围	50.00～500.00 Hz	

(2)上限频率源和上限频率。

①上限频率可以通过数字设定,也可以通过模拟量、高速脉冲或通信设定。

②当变频器运行频率高于上限频率时,变频器保持在上限频率运行。

③当上限频率设置为模拟量或高速脉冲设定时:

上限频率最终值＝上限频率值(F0－12)＋上限频率偏置值(F0－13)

上限频率源和上限频率的设置范围见表17－3。

表17－3　上限频率源和上限频率的设置范围

F0－11	上限频率源		出厂值	0
	设置范围	0	F0－12给定	
		1	AI1	
		2	AI2	
		3	AI3	
		4	PULSE脉冲(DI5)	
		5	通信给定	
F0－12	上限频率		出厂值	50.00 Hz
	设置范围		下限频率(F0－14)～最大频率(F0－10)	
F0－13	上限频率偏置		出厂值	0.00 Hz
	设置范围		0.00 Hz～最大频率(F0－10)	

(3)下限频率。

频率指令低于F0－14设定的下限频率时,变频器可以停机,以下限频率运行或以零速运行,采用何种运行模式可以通过F8－14(设定频率低于下限频率运行模式)设置。

提示:启动频率(F0－03)不受下限频率限制,即F0－03的设置值低于下限频率时,变频器能够正常启动。

下限频率的设置范围见表17－4。

表17－4　下限频率的设置范围

F0－14	下限频率	出厂值	0.00 Hz
	设置范围	0.00 Hz～F0－12	

当运行频率低于下限频率时,变频器的运行状态可以通过功能参数F8－14选择。

MD380 变频器提供三种运行模式,满足各种应用需求。设定频率低于下限频率运行模式的设置范围见表 17 – 5。

表 17 – 5　设定频率低于下限频率运行模式的设置范围

<table>
<tr><td rowspan="4">F8 – 14</td><td colspan="2">设定频率低于下限频率运行模式</td><td>出厂值</td><td>0</td></tr>
<tr><td rowspan="3">设置范围</td><td>0</td><td colspan="2">以下限频率运行</td></tr>
<tr><td>1</td><td colspan="2">停机</td></tr>
<tr><td>2</td><td colspan="2">零速运行</td></tr>
</table>

(4)几种频率之间的优先关系。

最大频率优先于上限频率;上限频率优先于运行频率;启动频率优先于下限频率。

几种频率之间的关系曲线如图 17 – 1 所示。

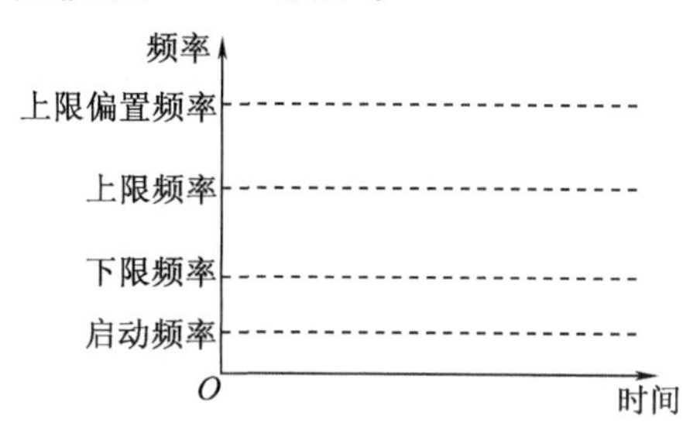

图 17 – 1　几种频率之间的优先关系

【实训实施】

1. 根据电路原理图接线,要求如下:

(1)变频器与电动机接线;

(2)变频器端子接线,注意区分开关端子和按键端子的不同;

(3)指示灯和蜂鸣器接线。

2. 根据实训内容编写程序,并会运用 QUICK 键检查程序的正确性。

(1)设置 FA – 09 的参数,体会不同赋值时电动机的运行方向;

(2)设置 F0 – 10、F0 – 11、F0 – 12、F0 – 13、F0 – 14 参数,体会几种频率之间的优先关系。

3. 教师检查指导:

(1)观察各学生接线是否正确;

(2)检测学生编写的程序;

(3)及时处理课堂上发生的各种情况。

实训报告(十七)

课题名称:

工作台号:

合 作 人:

撰写实训报告说明

1. 字迹工整,内容真实。

2. 实训目的、电路、器材和步骤等内容通过预习在课前完成。

3. 实训过程中的内容在课内完成,杜绝后补实验数据现象。

4. 体会和建议在课后完成,要求客观、真实、全面。

5. 教师评价要客观公正,具有指导性和鼓励性的作用。

实训目的(根据实训题目预习本次实训课程的目的):

实训器材(根据实训电路预先选择实训器材,包括元器件、工具和消耗材料等):

实训电路(根据实训题目预先画出电路图):

实训步骤(根据实训课题预先设计实训步骤,编写实训程序等):

实训过程(记录实训过程中遇到的问题和解决问题的方法,记录测试数据和结论,记录通电验证结果等):
体会和建议(实训结束后完成此项内容):
教师评价:

实训课题十八　电动机的参数及其自调谐

【实训目的】

1. 掌握电动机基本参数的设定方法;
2. 掌握电动机调谐的设定方法。

【实训仪器】

1. MD380 变频器;
2. 异步电动机;
3. 数字万用表;
4. 电工工具(1 套);
5. 连接导线若干。

【实训内容及步骤】

1. 电动机基本参数的设定

变频器以“矢量控制”模式运行时,对准确的电动机参数依赖性很强,这是与 V/F 控制模式的重要区别之一,要让变频器有良好的驱动性和运行效率,变频器必须获得被控制电动机的准确参数。

(1)V/F 控制的电动机参数(默认电动机 1 的功能码)见表 18-1。

表 18-1　V/F 控制的电动机参数(默认电动机 1 的功能码)

电动机 1 参数	参数描述	说明
F1-00	电动机类型	普通、变频、同步
F1-01 ~ F1-05	电动机额定功率/电压/电流/频率/转速	机型参数,手动输入
F1-06 ~ F1-20	电动机内部等效定(转)子电阻、感抗等	调谐参数
F1-27 ~ F1-34	编码器参数(带传感器适量模式需要设置)	编码器参数

V/F 控制模式时,可以同时驱动多台电动机;矢量控制模式时不能同时驱动多台电动机;矢量控制模式时,支持分时驱动最多两台电动机,电动机参数分别储备。

(2)矢量控制的电动机参数(电动机 2 的功能码)见表 18-2。

表 18－2　矢量控制的电动机参数(电动机 2 的功能码)

电动机 2 参数	参数描述	说明
A2－00	电动机类型	普通、变频、同步
A2－01～A2－05	电动机额定功率/电压/电流/频率/转速	机型参数、手动输入
A2－06～A2－20	电动机内部等效定(转)子电阻、感抗等	调谐参数
A2－27～A2－34	编码器参数(带传感器适量模式需要设置)	编码器参数

(3)电动机的种类选择设置范围见表 18－3。

表 18－3　电动机的种类选择设置范围

F1－00	电动机类型选择		出厂值	0
	设置范围	0	普通异步电动机	
		1	变频异步电动机	
		2	永磁同步电动机	

无论是 V/F 控制还是矢量控制，都要求准确输入电动机参数；电动机自调谐时，也必须准确输入这些参数。

电动机的基本参数(电动机铭牌参数)的设置范围见表 18－4。

表 18－4　电动机的基本参数(电动机铭牌参数)的设置范围

F1－01	额定功率	出厂值	机型确定
	设置范围	0.1～1 000.0 kW	
F1－02	额定电压	出厂值	机型确定
	设置范围	1～2 000 V	
F1－03	额定电流	出厂值	机型确定
	设置范围	0.01～655.35 A，变频器功率≤55 kW 0.1～6 553.3 A，变频器功率＞55 kW	
F1－04	额定频率	出厂值	机型确定
	设置范围	0.01 Hz～最大频率	
F1－05	额定转速	出厂值	机型确定
	设置范围	1～65 535 r/min	

2. 电动机的自调谐参数设定

静止调谐：带负载调谐；

完整调谐：空载调谐(电动机与负载脱开)。

(1)电动机自调谐参数设置范围见表 18 - 5。

表 18 - 5　电动机自调谐参数设置范围

F1 - 37	调谐选择		出厂值	0
	设置范围	0	无操作	
		1	异步电动机静止调谐(带载)	
		2	异步电动机完整调谐(空载)	
		11	同步电动机带载调谐	
		12	同步电动机空载调谐	

(2)电动机完整调谐流程图如图 18 - 1 所示。

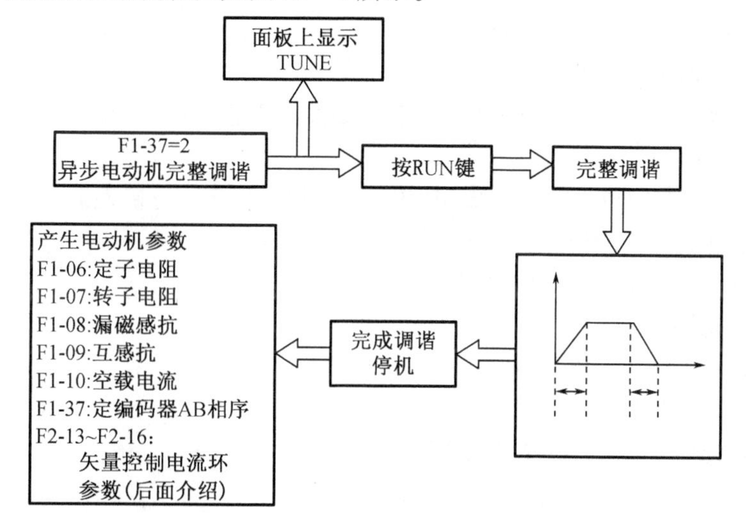

图 18 - 1　电动机完整调谐流程图

(3)三相交流异步电动机等效电路图如图 18 - 2 所示。

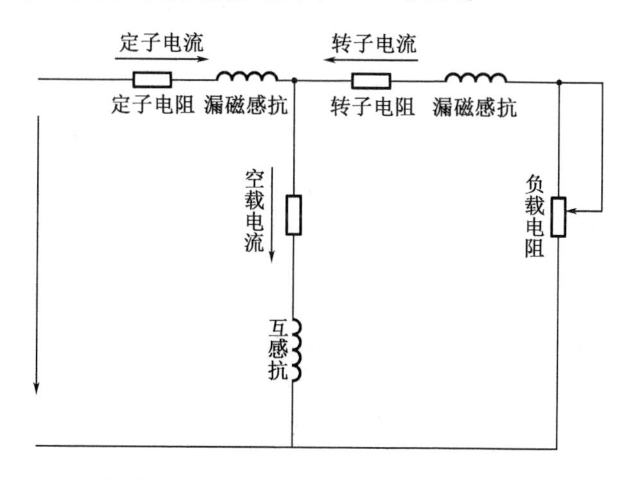

图 18 - 2　三相交流异步电动机等效电路图

(4)参数设置:
F1 - 00 = 0;普通异步电动机
F1 - 01 = ;电动机额定功率
F1 - 02 = ;电动机额定电压
F1 - 03 = ;电动机额定电流
F1 - 04 = ;电动机额定频率
F1 - 05 = ;电动机额定转速
F0 - 24 = 0;电动机 1
F1 - 37 = 2;异步电动机完整调谐
调谐完成后查看 F1 - 6 ~ F1 - 10 并做好记录。

【实训实施】

1. 根据电路原理图接线,要求如下:
(1)变频器与电动机接线;
(2)变频器端子接线,注意区分开关端子和按键端子的不同;
(3)指示灯和蜂鸣器接线。
2. 根据实训内容编写程序,并会运用 QUICK 键检查程序的正确性。
(1)练习电动机参数的设置;
(2)练习电动机自调谐参数的设置。
3. 教师检查指导:
(1)观察各学生接线是否正确;
(2)检测学生编写的程序;
(3)及时处理课堂上发生的各种情况。

实训报告(十八)

课题名称:

工作台号:

合 作 人:

撰写实训报告说明

1. 字迹工整,内容真实。

2. 实训目的、电路、器材和步骤等内容通过预习在课前完成。

3. 实训过程中的内容在课内完成,杜绝后补实验数据现象。

4. 体会和建议在课后完成,要求客观、真实、全面。

5. 教师评价要客观公正,具有指导性和鼓励性的作用。

实训目的（根据实训题目预习本次实训课程的目的）：
实训器材（根据实训电路预先选择实训器材，包括元器件、工具和消耗材料等）：
实训电路（根据实训题目预先画出电路图）：
实训步骤（根据实训课题预先设计实训步骤，编写实训程序等）：

实训过程(记录实训过程中遇到的问题和解决问题的方法,记录测试数据和结论,记录通电验证结果等):
体会和建议(实训结束后完成此项内容):
教师评价:

实训课题十九　V/F 控制模式下的 PID 控制

【实训目的】

1. 掌握 V/F 控制模式下的 PID 控制的常用功能参数；
2. 掌握 PID 控制的程序设置。

【实训仪器】

1. MD380 变频器；
2. 异步电动机；
3. 数字万用表；
4. 电工工具(1 套)；
5. 连接导线若干。

【实训内容】

PID 闭环控制在生产工艺中对流量、风量、温度和压力等模拟量进行控制，应用十分普遍。PID 控制接受两个控制信号，分别是给定信号和反馈信号。

反馈是控制论的一个极其重要的概念。反馈就是由控制系统把信息输送出去，又把其作用结果返送回来，并对信息的再输出发生影响，起到控制的作用，以达到预定的目的。原因产生结果，结果又构成新的原因、新的结果……反馈在原因和结果之间架起了桥梁。

负反馈原理：在自动控制系统中，如果要使一个量保持不变，就取这个量的负反馈。

PID 运算的三种形式：

Kp：比例运算（比例参数）；

Ti：积分运算（积分时间）；

Td：微分运算（微分时间）。

1．PID 控制举例

PID 控制的基本组成环节如图 19－1 所示。

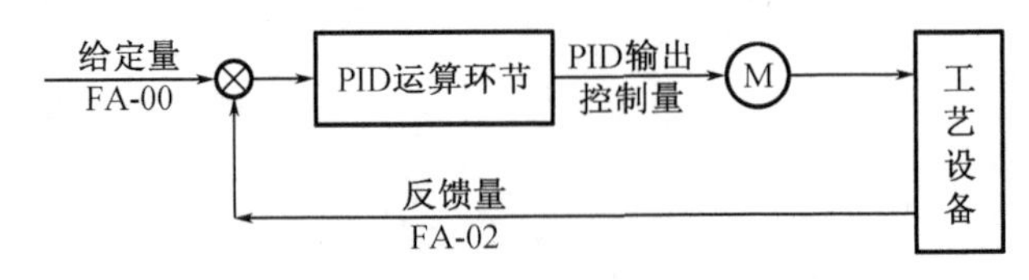

图 19－1　PID 控制的基本组成环节

PID 自动闭环调节系统举例如图 19－2 所示。

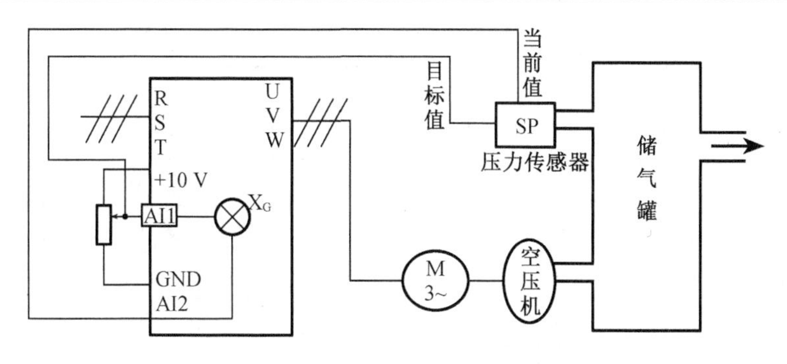

图 19 - 2　PID 自动闭环调节系统举例

变频器自带 PID 环节时,其自身的加减速时间不起作用,启用 PID 环节后的加减速时间由 PID 的运算结果决定,所以反应速度快。

2. PID 控制的常用功能参数

(1)PID 给定源。

此参数用于选择过程 PID 的目标量给定通道。

过程 PID 的设定目标量为相对值,设定范围为 0.0% ~100.0%。同样 PID 的反馈量也是相对量,PID 的作用是使这两个相对量相同。PID 给定源参数的设置范围见表 19 - 1。

表 19 - 1　PID 给定源参数的设置范围

FA - 00	PID 给定源		出厂值	0
	设置范围	0	FA - 01 给定	
		1	AI1	
		2	AI2	
		3	AI3	
		4	PULSE 脉冲(DI5)	
		5	通信给定	
		6	多段速指令	
FA - 01	PID 数值给定		出厂值	50.0%
	设置范围		0.0% ~100.0%	

(2)PID 反馈源。

该参数用于选择过程 PID 的反馈信号通道。

过程 PID 的反馈量也为相对值,设置范围为 0.0% ~100%。PID 反馈源参数的设置范围见表 19 - 2。

表 19 - 2　PID 反馈源参数的设置范围

FA - 02	PID 反馈源		出厂值	0
	设置范围	0	AI1	
		1	AI2	

表 19－2(续)

FA－02	PID 反馈源		出厂值	0
	设置范围	2	AI3	
		3	AI1 － AI2	
		4	PULSE 脉冲(DI5)	
		5	通信给定	
		6	AI1 ＋ AI2	
		7	Max(AI1、AI2)	
		8	Min(AI1、AI2)	

(3)PID 作用方向。

正作用:当 PID 的反馈信号小于给定量时,变频器输出频率上升。如收卷机的张力控制场合。

反作用:当 PID 的反馈信号小于给定量时,变频器输出频率下降。如放卷机的张力控制场合。

该功能受多功能端子 PID 作用方向取反(功能 35)的影响,使用中需要注意。PID 作用方向参数的设置范围见表 19－3。

表 19－3　PID 作用方向参数的设置范围

FA－03	PID 作用方向		出厂值	0
	设置范围	0	正方向	
		1	反方向	

(4)比例增益、积分时间和微分时间。

Kp1:决定整个 PID 调节器的调节强度,Kp1 越大调节强度越大。该参数 100.0 表示当 PID 反馈量和给定量的偏差为 100.0% 时,PID 调节器对输出频率指令的调节幅度为最大频率。

Ti1:决定 PID 调节器积分调节的强度。积分时间越短调节强度越大。积分时间是指当 PID 反馈量和给定量的偏差为 100.0%,积分调节器经过该时间的调整,调整量达到最大值。

Td1:决定 PID 调节器对偏差变化率调节的强度。微分时间越长调节强度越大。微分时间是指当 PID 反馈量在该时间内变化 100.0%,微分调节器的调整量为最大值。

比例增益、积分时间和微分时间的设置范围见表 19－4。

表 19－4　比例增益、积分时间和微分时间的设置范围

FA－05	比例增益	出厂值	20.0
	设置范围	0.0～100.0	

表 19 -4(续)

FA -06	积分时间	出厂值	2.00 s
	设置范围	0.01 ~10.0 s	
FA -07	微分时间	出厂值	0.000 s
	设置范围	0.01 ~10.0 s	

(5)反馈滤波时间和输出滤波时间。

FA -12 用于对 PID 反馈量进行滤波,该滤波有利于降低反馈量被干扰的影响,但是会带来过程闭环系统的响应性能。

FA -13 用于对 PID 输出频率进行滤波,该滤波会减弱变频器输出频率的突变,但是同样会带来过程闭环系统的响应性能下降。

反馈滤波时间和输出滤波时间参数的设置范围见表 19 -5。

表 19 -5　反馈滤波时间和输出滤波时间参数的设置范围

FA -12	PID 反馈滤波时间	出厂值	0.00 s
	设置范围	0.00% ~100.00%	
FA -13	PID 输出滤波时间	出厂值	0.00 s
	设置范围	0.00% ~100.00%	

参数设置

F0 -01 =2;V/F 控制

F0 -02 =1;端子启停

F0 -03 =8;PID 闭环控制

F0 -07 =00;确认 FA -03 有效

F4 -00 =1;DI1 端子正转

FA -00 =0;FA -01 设置给定值

FA -02 =0;AI1 设置反馈值

FA -01 =50;设置 50% 的给定值

FA -03 =0;正作用

FA -05 =30;比例增益 30

FA -06 =2;积分时间 2 s

FA -07 =0.0;微分时间 0 s

FA -12 =0.1;PID 反馈滤波时间

F8 -13 =1;禁止反转

正作用:$\Delta >0$ 时加速,如水压控制;

反作用:$\Delta <0$ 时减速,如温度控制。

4. PID 参数切换条件

在有些场合,一套 PID 参数不能满足整个运动过程需要,根据不同的情况,要采用不同的 PID 参数。MD380 变频器一共有两套 PID 参数,它们之间的切换由功能参数 FA -18 设置。PID 参数与功能参数 FA－18 之间的关系如图 19－3 所示。

图 19－3　PID 参数与功能参数 FA－18 之间的关系

PID 之间的切换功能参数 FA－18 的设置范围见表 19－6。

表 19－6　PID 之间的切换功能参数 FA－18 的设置范围

FA－18	PID 参数切换条件		出厂值	0
	设置范围	0	不切换	
		1	通过 DI 端子切换	
		2	根据偏差自动切换	

FA－18＝1 时，通过 DI 端子切换。此时设置对应端子参数为 F4－02＝43，该端子即可实现 PID 参数的切换。接通选择第二套参数；不接通选择第一套参数。

FA－18＝2 时，根据偏差自动切换。

PID 参数切换偏差的设置范围见表 19－7。

表 19－7　PID 参数切换偏差的设置范围

FA－19	PID 参数切换偏差 1	出厂值	20.0%
	设定范围	0.00%～FA－20	
FA－20	PID 参数切换偏差 2	出厂值	80%
	设定范围	FA－19～100.00%	

选择为自动切换时，给定与反馈之间偏差绝对值小于 PID 参数切换偏差 1（FA－19）时，PID 参数选择参数组 1。给定与反馈之间偏差大于 PID 切换偏差 2（FA－20）时，PID 参数选择参数组 2。给定与反馈之间偏差处于切换偏差 1 与切换偏差 2 之间时，PID 参数为两组 PID 参数线性差补值。PID 参数切换过程如图 19－4 所示。

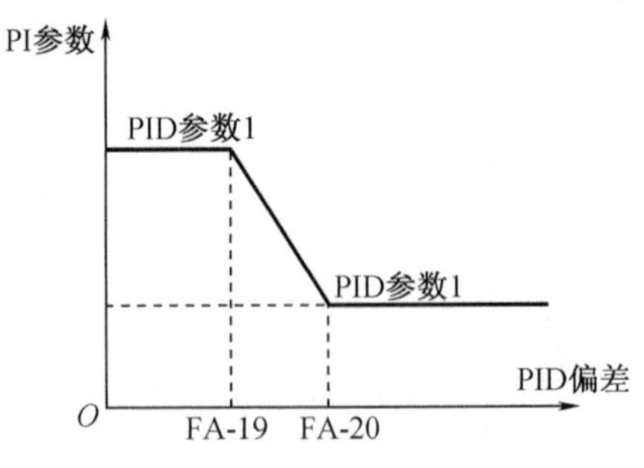

图 19－4　PID 参数切换过程

参数设置:

F0 - 01 = 2;V/F 控制

F0 - 02 = 1;端子启停

F0 - 03 = 8;PID 闭环控制

F0 - 07 = 00;主频率源有效

F4 - 00 = 1;DI1 正转启停

FA - 00 = 0;给定值由 FA - 01 给定设置

FA - 02 = 0;AI1 输入反馈值

FA - 01 = 50;设置 50% 的给定值

FA - 03 = 0;正作用闭环控制

FA - 13 = 1;禁止反转

FA - 05 = 60;
FA - 06 = 1;
FA - 07 = 0;
} 第一套参数

FA - 15 = 10;
FA - 16 = 9;
FA - 17 = 0;
} 第二套参数,启动时执行

FA - 18 = 2;自动切换 PID 参数

FA - 19 = 20;≤20% 偏差量时执行第一套参数

FA - 20 = 40;≥40% 偏差量时执行第二套参数

5. 验证 PID 是否切换的三种方法

(1)是否执行第二套参数的验证方法之一:

给定值 50%,反馈值设置为 0%(AI1 输入,把电位器 Rp1 调为 0)。

偏差量 = 给定值(50%) - 反馈值(0%)

= 50% - 0%

= 50%

启动时,偏差量为 50%,大于 40%,采用第二套 PID 参数调节,速度变化率比较慢。

(2)是否执行第二套参数的验证方法之二:

同样的偏差量设置(50%)情况下,设置 FA - 18 = 0,不切换 PID 参数,闭环控制采用第一套参数调节,速度变化率比较快。

(3)是否执行第二套参数的验证方法之三:

FA - 18 = 2,自动切换模式下调节 Rp1,体会偏差值变化过程中的速度变化率。

【实训实施】

1. 根据电路原理图接线,要求如下:

(1)变频器与电动机接线;

(2)变频器端子接线,注意区分开关端子和按键端子的不同;

(3)指示灯和蜂鸣器接线。

2. 根据实训内容编写程序,并会运用 QUICK 键检查程序的正确性。

(1)练习 PID 控制的常用功能参数设置;

(2)编写程序,练习 PID 参数的三种切换并上机运行。

3. 教师检查指导:

(1)观察各学生接线是否正确;

(2)检测学生编写的程序;

(3)及时处理课堂上发生的各种情况。

实训报告(十九)

课题名称:

工作台号:

合 作 人:

撰写实训报告说明

1. 字迹工整,内容真实。

2. 实训目的、电路、器材和步骤等内容通过预习在课前完成。

3. 实训过程中的内容在课内完成,杜绝后补实验数据现象。

4. 体会和建议在课后完成,要求客观、真实、全面。

5. 教师评价要客观公正,具有指导性和鼓励性的作用。

实训目的(根据实训题目预习本次实训课程的目的)：
实训器材(根据实训电路预先选择实训器材,包括元器件、工具和消耗材料等)：
实训电路(根据实训题目预先画出电路图)：
实训步骤(根据实训课题预先设计实训步骤,编写实训程序等)：

实训过程(记录实训过程中遇到的问题和解决问题的方法,记录测试数据和结论,记录通电验证结果等):
体会和建议(实训结束后完成此项内容):
教师评价:

附录1 维护保养与故障诊断

1. 变频器的日常保养与维护

(1) 日常保养：由于环境的温度、湿度、粉尘及振动的影响，导致变频器内部的器件老化，导致变频器潜在的故障发生或降低了变频器的使用寿命。因此，有必要对变频器实施日常和定期的保养及维护。

①日常检查项目：

●电动机运行过程中声音是否发生异常变化。

●电动机运行过程中是否产生了振动。

●变频器安装环境是否发生变化。

●变频器散热风扇是否正常工作。

●变频器是否过热。

②日常清洁：

●应始终保持变频器处于清洁状态。

●有效清除变频器上表面积尘，防止积尘进入变频器内部，特别是金属粉尘。

●有效清除变频器散热风扇的油污。

(2) 定期检查：请定期对运行中难以检查的地方进行检查。

定期检查项目：

●检查风道，并定期清洁。

●检查螺丝是否有松动。

●检查变频器是否受到腐蚀。

●检查接线端子是否有拉弧痕迹。

●主回路绝缘测试。

提醒：在用兆欧表（请用直流 500 V 兆欧表）测量绝缘电阻时，要将主回路线与变频器脱开，不要用绝缘电阻表测试控制回路绝缘。

(3) 变频器易损件更换：变频器易损件主要有冷却风扇和滤波用电解电容器，其寿命与使用的环境及保养状况密切相关。

●一般寿命为：风扇 2 ~ 3 年，电解电容器 4 ~ 5 年。

●环境温度：年平均温度为 30 ℃左右。

●负载率 80% 以下。

●运行率每日 20 h 以下。

①冷却风扇可能损坏原因：轴承磨损、叶片老化。判别标准：风扇叶片等是否有裂缝，开机时声音是否有异常振动声。

②滤波电解电容可能损坏原因：输入电源品质差、环境温度较高、频繁的负载跳变、电解质老化。判别标准：有无液体漏出、安全阀是否已凸出，静电电容的测定，绝缘电阻的测定。

2. 故障报警及对策

MD380变频器系统运行过程中发生故障，变频器立即会保护电动机停止输出，同时变频器故障继电器接点动作。变频器面板会显示故障代码，故障代码对应的故障类型和常见解决方法详见附表1。表格中列举仅作为参考，请勿擅自修理、改造。

附表1　故障信息一览表

故障名称	操作面板显示	故障原因排查	故障处理对策
逆变单元保护	Err01	1. 变频器输出回路短路 2. 电动机和变频器接线过长 3. 模块过热 4. 变频器内部接线松动 5. 主控板异常 6. 驱动板异常 7. 逆变模块异常	1. 排除外围故障 2. 加装电抗器或输出滤波器 3. 检查风道是否堵塞、风扇是否正常工作并排除存在问题 4. 插好所有连接线 5. 寻求技术支持 6. 寻求技术支持 7. 寻求技术支持
加速过电流	Err02	1. 变频器输出回路存在接地或短路 2. 控制方式为矢量且没有进行参数调谐 3. 加速时间太短 4. 手动提升转矩或V/F曲线不合适 5. 电压偏低 6. 对正在旋转的电动机进行启动 7. 加速过程中突加负载 8. 变频器选型偏小	1. 排除外围故障 2. 进行电动机参数调谐 3. 增大加速时间 4. 调整手动提升转矩或V/F曲线 5. 将电压调至正常范围 6. 选择转速追踪启动或等电动机停止后再启动 7. 取消突加负载 8. 选用功率等级更大的变频器
减速过电流	Err03	1. 变频器输出回路存在接地或短路 2. 控制方式为矢量且没有进行参数调谐 3. 减速时间太短 4. 电压偏低 5. 减速过程中突加负载 6. 没有加装制动单元和制动电阻	1. 排除外围故障 2. 进行电动机参数调谐 3. 增大减速时间 4. 将电压调至正常范围 5. 取消突加负载 6. 加装制动单元及电阻
恒速过电流	Err04	1. 变频器输出回路存在接地或短路 2. 控制方式为矢量且没有进行参数调谐 3. 电压偏低 4. 运行过程中突加负载 5. 变频器选型偏小	1. 排除外围故障 2. 进行电动机参数调谐 3. 将电压调至正常范围 4. 取消突加负载 5. 选用功率等级更大的变频器

附表 1(续 1)

故障名称	操作面板显示	故障原因排查	故障处理对策
加速过电流	Err05	1. 输入电压偏高 2. 加速过程中存在外力拖动电动机运行 3. 加速时间过短 4. 没有加装制动单元和制动电阻	1. 将电压调至正常范围 2. 取消此外力或加装制动电阻 3. 增大加速时间 4. 加装制动单元及电阻
减速过电流	Err06	1. 输入电压偏高 2. 减速过程中存在外力拖动电动机运行 3. 减速时间过短 4. 没有加装制动单元和制动电阻	1. 将电压调至正常范围 2. 取消此外力或加装制动电阻 3. 增大减速时间 4. 加装制动单元及电阻
恒速过电流	Err07	1. 输入压偏高 2. 运行过程中存在外力拖动电动机运行	1. 将电压调至正常范围 2. 取消此外力或加装制动电阻
控制电源故障	Err08	输入电压不在相关规范规定的范围	将电压调至相关规范要求的范围内
欠压故障	Err09	1. 瞬时停电 2. 变频器输入端电压不在规范要求的范围 3. 母线电压不正常 4. 整流桥及缓冲电阻不正常 5. 驱动板异常 6. 控制板异常	1. 复位故障 2. 调整电压到正常范围 3. 寻求技术支持 4. 寻求技术支持 5. 寻求技术支持 6. 寻求技术支持
变频器过载	Err10	1. 负载过大或发生电动机堵转 2. 变频器选型偏小	1. 减小负载并检查电动机及机械情况 2. 选用功率等级更大的变频器
电动机过载	Err11	1. 电动机保护参数 F9 - 01 设定是否合适 2. 负载过大或发生电动机堵转 3. 变频器选型偏小	1. 正确设定此参数 2. 减小负载并检查电动机及机械情况 3. 选用功率等级更大的变频器
输入缺相	Err12	1. 三相输入电源不正常 2. 驱动板异常 3. 防雷板异常 4. 主控板异常	1. 检查并排除外围线路中存在的问题 2. 寻求技术支持 3. 寻求技术支持 4. 寻求技术支持

附表 1(续 2)

故障名称	操作面板显示	故障原因排查	故障处理对策
输出缺相	Err13	1. 变频器到电动机的引线不正常 2. 电动机运行时变频器三相输出不平衡 3. 驱动板异常 4. 模块异常	1. 排除外围故障 2. 检查电动机三相绕组是否正常并排除故障 3. 寻求技术支持 4. 寻求技术支持
模块过热	Err14	1. 环境温度过高 2. 风道堵塞 3. 风扇损坏 4. 模块热敏电阻损坏 5. 逆变模块损坏	1. 降低环境温度 2. 清理风道 3. 更换风扇 4. 更换热敏电阻 5. 更换逆变模块
外部设备故障	Err15	1. 通过多功能端子 DI 输入外部故障的信号 2. 通过虚拟 IO 功能输入外部故障的信号	1. 复位运行 2. 复位运行
通信故障	Err16	1. 上位机工作不正常 2. 通信线不正常 3. 通信扩展卡 F0－28 设置不正确 4. 通信参数 FD 组设置不正确	1. 检查上位机接线 2. 检查通信连接线 3. 正确设置通信扩展卡类型 4. 正确设置通信参数
接触器故障	Err17	1. 驱动板和电源不正常 2. 接触器不正常	1. 更换驱动板或电源板 2. 更换接触器
电流检测故障	Err18	1. 霍尔器件异常 2. 驱动板异常	1. 更换霍尔器件 2. 更换驱动板
电动机调谐故障	Err19	1. 电动机参数未按铭牌设置 2. 参数调谐过程超时	1. 根据铭牌正确设定电动机参数 2. 检查变频器到电动机引线
磁盘故障	Err20	1. 编码器型号不匹配 2. 编码器连线错误 3. 编码器损坏 4. PG 卡异常	1. 根据实际设定编码器类型 2. 排除线路故障 3. 更换编码器 4. 更换 PG 卡
变频器故障	Err22	1. 存在过压 2. 存在过流	1. 按过压故障处理 2. 按过流故障处理
对地短路故障	Err23	电动机对地短路	更换电缆或电动机
累计运行时间到达故障	Err26	累计运行时间达到设定值	使用参数初始化功能清除记录信息

附表1(续3)

故障名称	操作面板显示	故障原因排查	故障处理对策
用户自定义故障1	Err27	1. 通过多功能端子DI输入用户自定义故障1的信号 2. 通过虚拟IO功能输入用户自定义故障1的信号	1. 复位运行 2. 复位运行
用户自定义故障2	Err28	1. 通过多功能端子DI输入用户自定义故障2的信号 2. 通过虚拟IO功能输入用户自定义故障2的信号	1. 复位运行 2. 复位运行
累计上电时间到达故障	Err29	累计上电时间达到设定值	使用参数初始化功能清除记录信息
掉载故障	Err30	变频器运行电流小于F9－64	确认负载是否脱离或F9－64、F9－65参数设置是否符合实际运行工况
运行PID反馈丢失故障	Err31	PID反馈小于FA－26设定值	检查PID反馈信号或设置FA－26为一个合适值
逐波限流故障	Err40	1. 负载是否过大或发生电动机堵转 2. 变频器选型偏小	1. 减小负载并检查电动机及机械情况 2. 选用功率等级更大的变频器
运行时切换电动机故障	Err41	在变频器运行过程中通过端子更改当前电动机选择	变频器停机后再进行电动机切换操作
速度偏差过大故障	Err42	1. 编码器参数设置不正确(F0－01＝1时) 2. 电动机堵转 3. 速度偏差过大检测参数F9－69、F9－70设置不合理 4. 变频器输出端UVW到电动机的接线不正常	1. 正确设置编码器参数 2. 检查机械是否异常,电动机是否进行参数调谐,转矩设定值F2－10是否偏小 3. 根据实际情况合理设置检测参数 4. 检查变频器与电动机间的接线是否断开
电动机过速度故障	Err43	1. 编码器参数设定不正确 2. 没有进行参数调谐 3. 电动机过速度检测参数F9－67、F9－68设置不合理	1. 正确设置编码器参数 2. 进行电动机参数调谐 3. 根据实际情况合理设置检测参数
电动机过温故障	Err45	1. 温度传感器接线松动 2. 电动机温度过高	1. 检测温度传感器接线并排除故障 2. 降低载频或采取其他散热措施对电动机进行散热处理
初始位置错误	Err51	电动机参数与实际偏差太大	重新确认电动机参数是否正确,重点关注额定电流是否设定偏小

附表1(续4)

故障名称	操作面板显示	故障原因排查	故障处理对策
主从控制从机故障	Err55	从机发生故障,检查从机	按照从机故障码进行排查
制动管保护故障	Err60	制动电阻被短路或制动模块异常	检查制动电阻或寻求技术支持

3. 常见故障及其处理方法

变频器使用过程中可能会遇到下列故障情况,附表2为常见故障及其处理方法。

附表2　常见故障及其处理方法

序号	故障现象	可能原因	解决办法
1	上电无显示	1. 电网电压没有或者过低 2. 变频器驱动板上的开关电源故障 3. 整流桥损坏 4. 变频器缓冲电阻损坏 5. 控制板、键盘故障 6. 控制板与驱动板、键盘之间连线断	1. 检查输入电源 2. 检查母线电压 3. 重新拔插8芯和28芯排线 4. 寻求厂家服务 5. 寻求厂家服务 6. 寻求厂家服务
2	上电显示“HC”	1. 驱动板与控制板之间的连线接触不良 2. 控制板上相关器件损坏 3. 电动机或者电动机线有对地短路 4. 霍尔故障 5. 电网电压过低	重新拔插8芯和28芯排线,通信时,若通信距离较远或者节点较多,末端的变频器需接通终端电阻(跳线J4或S2)
3	上电显示“Err23”报警	1. 电动机或者输出线对地短路 2. 变频器损坏	1. 用摇表测量电动机和输出线的绝缘性 2. 寻求厂家服务
4	上电变频器显示正常,运行后显示“HC”并马上停机	1. 风扇损坏或者堵转 2. 外围控制端子接线有短路	1. 更换风扇 2. 排除外部短路故障
5	频繁报“Err14”(模块过热)故障	1. 载频设置太高 2. 风扇损坏或者风道堵塞 3. 变频器内部器件损坏(热电偶或其他)	1. 降低载频(F0-15) 2. 更换风扇、清理风道 3. 寻求厂家服务
6	变频器运行后电动机不转动	1. 电动机及电动机线故障 2. 变频器参数设置错误(电动机参数) 3. 驱动板与控制板连线接触不良 4. 驱动板故障	1. 重新确认变频器与电动机之间连线 2. 更换电动机或清除机械故障 3. 检查并重新设置电动机参数 4. 寻求厂家服务

附表 2(续)

序号	故障现象	可能原因	解决办法
7	DI 端子失效	1. 参数设置错误 2. 外部信号错误 3. OP 与 +24 V 跳线松动 4. 控制板故障	1. 检查并重新设置 F4 组相关参数 2. 重新接外部信号线 3. 重新确认 OP 与 +24 V 跳线 4. 寻求厂家服务
8	闭环矢量控制时,电动机速度无法提升	1. 编码器故障 2. 编码器接错线或者接触不良 3. PG 卡故障 4. 驱动板故障	1. 更换码盘并重新确认接线 2. 更换 PG 卡 3. 寻求厂家服务 4. 寻求厂家服务
9	变频器频繁报过流和过压故障	1. 电动机参数设置不对 2. 加减速时间不合适 3. 负载波动	1. 重新设置电动机参数或者进行电动机调谐 2. 设置合适的加减速时间
10	上电(或运行)报“Err17”	软启动接触器未吸合	1. 检查接触器电缆是否松动 2. 检查接触器是否有故障 3. 检查接触器 24 V 供电电源是否有故障 4. 寻求厂家服务
11	上电显示“88888”	控制板上相关器件损坏	更换控制板

附录 2　变频器实训操作台面板方框图和说明

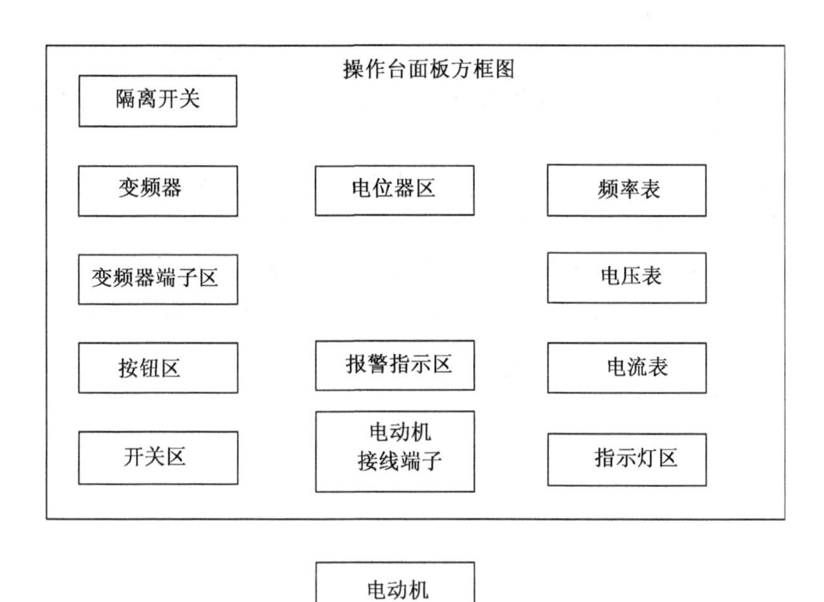

说明：

1. 隔离开关：在电源与变频器之间，起到变频器通断电和对变频器保护的作用。

2. 变频器端子区：变频器上的接线端子引接到该区域，实训时的端子接线在此区域完成。

3. 按钮区和开关区：按钮和开关的数量与变频器的多功能输入端子的数量相同。

4. 电位器区：电位器的数量由变频器的电压模拟量给定频率端子的数量决定。

5. 报警指示区：此区域接变频器的声光报警装置。

6. 电动机接线端子：电动机三相绕组的 6 个端子引接于此，便于电动机与变频器间连接。

7. 频率表、电压表和电流表：在工作台上用这三个表监测变频器运行时的参数。

8. 指示灯区：此区域可以安装多种颜色的指示灯，根据需要对变频器运行状态进行指示。

9. 电动机：电动机固定在操作台外，通过操作台面板上的电动机接线端子与变频器连接。

10. 实际安装操作台时，可以根据具体情况对各区域位置进行调整或增减。

参考文献

[1] 何超.交流变频调速技术[M].3 版.北京:北京航空航天大学出版社,2017.

[2] 陈君霞.变频调速系统的安装调速与维护[M].北京:中国水利水电出版社,2017.

[3] 陈立香.变频调速[M].北京:机械工业出版社,2009.

[4] 张承慧,崔纳新,李珂.交流电机变频调速及其应用[M].北京:机械工业出版社,2008.

[5] 岂兴明.PLC 与变频器从入门到精通[M].北京:人民邮电出版社,2019.

[6] 王雪.电机与变频器安装和维护[M].北京:机械工业出版社,2015.

[7] 杜增辉,孙克军.变频器选型、调试与维修[M].北京:机械工业出版社,2018.